# 集成建筑电气设计导则
## （美标）

北京诚栋国际营地集成房屋股份有限公司　组织编写

秦华东　牟连宝　编著

U0238145

中国水利水电出版社

www.waterpub.com.cn

·北京·

# 内 容 提 要

　　本书从电网、电压、频率、低压供电系统、电气配电设备、终端设备等方面详细地阐述了美标建筑电气设计要求，同时，比较了中美电气设计的不同之处，再结合集成建筑的特点介绍电气设计思路、功率的计算方法、用电设备的电气标准、电气方案图绘制等方面的内容，旨在使电气专业及非专业人员通过本书可以对美国建筑电气有一个比较全面的认识。

　　本书可供建筑电气专业人员进行美标电气设计工作时阅读，也可供大专院校有关专业师生参考。

## 图书在版编目（C I P）数据

　　集成建筑电气设计导则：美标 / 秦华东，牟连宝编著；北京诚栋国际营地集成房屋股份有限公司组织编写. -- 北京：中国水利水电出版社，2018.12
　　ISBN 978-7-5170-7218-8

　　Ⅰ．①集… Ⅱ．①秦… ②牟… ③北… Ⅲ．①房屋建筑设备－电气设备－建筑设计 Ⅳ．①TU85

　　中国版本图书馆CIP数据核字(2018)第284382号

| 书　　名 | **集成建筑电气设计导则 （美标）**<br>JICHENG JIANZHU DIANQI SHEJI DAOZE （MEIBIAO） |
| --- | --- |
| 作　　者 | 北京诚栋国际营地集成房屋股份有限公司　组织编写<br>秦华东　牟连宝　编著 |
| 出版发行 | 中国水利水电出版社<br>（北京市海淀区玉渊潭南路1号D座　100038）<br>网址：www. waterpub. com. cn<br>E - mail：sales@waterpub. com. cn<br>电话：（010）68367658（营销中心） |
| 经　　售 | 北京科水图书销售中心（零售）<br>电话：（010）88383994、63202643、68545874<br>全国各地新华书店和相关出版物销售网点 |
| 排　　版 | 中国水利水电出版社微机排版中心 |
| 印　　刷 | 天津嘉恒印务有限公司 |
| 规　　格 | 184mm×260mm　16开本　7.5印张　156千字 |
| 版　　次 | 2018年12月第1版　2018年12月第1次印刷 |
| 印　　数 | 0001—1200册 |
| 定　　价 | **98.00元** |

# 前　言

　　集成建筑摆脱了传统的水、灰、砂、石、手工式的粗放劳动和湿作业现场生产，取而代之的是以专业化大工厂和社会化协作的生产方式，将建筑部件加以装配集成，为市场提供终极完善产品的全新建筑体系。集成建筑是以装配式建筑为载体，再将各个建筑体系集成到这个载体上，实现建筑功能的高度集成化，使得各专业配合得更紧密。集成建筑不仅是建筑部件、构配件的集成，也是集优选的方案，先进的生产管理方式，性能优良的材料、设备于一体的优化集成产品。集成建筑设计专业化，生产标准化、模块化、通用化，易于拆迁、仓储，是可多次重复使用、周转的临时或具有永久性质的建筑。

　　集成建筑被誉为绿色建筑，革除了建材对环境的破坏与影响，建筑垃圾、建筑施工噪声都减少到最低程度，抗震性能高，改建和拆迁容易，材料的回收和再利用率高，是人与自然和谐可持续发展的"绿色产业"，在节能减排、绿色环保等方面有无可比拟的优势。

　　集成住宅在一定程度上可以克服传统住宅寿命短、耗能大、质量通病严重和二次装修浪费等问题。我国土地资源稀缺的现状与国民经济可持续快速发展之间的矛盾决定了住宅必须具有可持续发展的特性，只有可持续发展的住宅才有国民经济的可持续发展。新型集成住宅的发展让这一矛盾走向了和谐发展的道路。

　　本书以集成建筑为载体，在遵照美标电气设计规范的情况下，针对集成建筑的结构特点对电气设计时需注意的事项作了详细的阐述，同时比较了中美电气设计、电气设备的差异之处。第1章概述了集成建筑的定义、特点、分类及发展状况。第2章系统地介绍了美标建筑电气的各个方面，从配电设备到配电系统，再在电网、电压、频率乃至终端供电设备和国内是完全不同的，通过对本章内容的阅读，可以使读者对美标电气有一个整体的了解。第3章主要介绍遵照美标电气规范做集成建筑电气设计的方法、注意事项以及实际案例，注重在实际工作中的应用。第4章阐述了美标建筑电气功率计算的相关问题，通过计算实例的展示来诠释美标电气功率计算的方式方法、系数取值等，同时也提到了中美建筑电气在建筑节能及照度方面的不同之处。附录部分的电气专业词汇对照表方便读者快速地查询电气词汇。

由于本书涉及内容比较广泛，限于作者对内容的理解深度以及对实际工程接触广度的限制，作者虽经反复推敲，书中难免存有不妥之处，敬请读者体谅，并请不吝批评指正。

**作者**

2018 年 8 月

# 目　录
## CONTENTS

# 第 1 章

# 集成建筑

## 1.1 集成建筑概述

### 1.1.1 装配式集成建筑

随着生产水平和加工工艺的进步，以及社会对建筑物需求的变化，要求建造房屋可以像生产机器那样，成批成套地制造，装配式建筑应运而生。建筑的部分或全部构件在工厂预制完成，然后运输到施工现场，将构件通过可靠的连接方式连接组装，通过这种方式建造的建筑物称为装配式建筑。装配式建筑建造速度快，受气候条件制约小，节约劳动力并可提高建筑质量。装配式建筑是一种革命性的产品，大大提升了施工速度，盖房子像拼积木一样简单、快捷、方便。

装配式建筑具有以下优点：

（1）有利于提高施工质量。装配式构件是在工厂里预制的，能最大限度地改善墙体开裂、渗漏等质量通病，并提高住宅整体的安全等级、防火性和耐久性。

（2）有利于加快工程进度。效率即回报，装配式建筑比传统式建筑建造度快30%左右。

（3）有利于提高建筑品质。室内精装修工厂化以后，可实现"在家收快递"，即拆即装，又快又好。

（4）有利于调节供给关系。可以提高楼盘上市速度，缓解市场供给不足的现状。行业普及以后，可以降低建造成本，同时有效地抑制房价。

（5）有利于文明施工、安全管理。传统作业现场有大量的工人，而装配式建筑把大量工地作业移到工厂，现场只需留小部分工人就可以，从而大大减少了现场安全事故的发生率。

（6）有利于环境保护、节约资源。现场原始现浇作业极少，健康不扰民，从此告别工地"灰蒙蒙"。此外，钢模板等重复利用率提高，垃圾、损耗、能耗都能减少50％以上。

以装配式建筑为载体，再将配套设施、服务等各种体系优化组合而成的建筑产品称为集成建筑。集成建筑为用户提供一个低碳、高效、舒适的建筑环境。集成建筑物的结构及其相配套的设施包括结构体系、围护体系、清洁能源体系、门窗体系、厨卫体系、供热体系、智能系统、灯具，如图 1.1 所示。

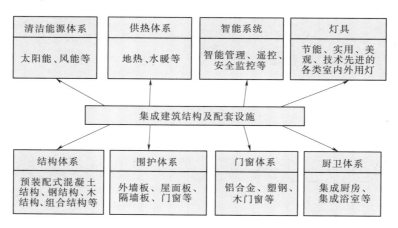

图 1.1　集成建筑物的结构及配套设施

## 1.1.2　装配式集成建筑发展

装配式集成建筑具备专业化设计，标准化、模块化、通用化生产，易于拆迁、仓储等优点，我国近几年也在大力推广装配式建筑。1999 年，国务院发布《关于推进住宅产业现代化，提高住宅质量的若干意见》，全国范围内开始兴起推进住宅产业化的工作，随后在 2013—2016 年，装配式建筑在全国各地快速发展。2016 年，国务院发布《关于进一步加强城市规划建设管理工作的若干意见》，明确提出要大力推广装配式建筑，建设国家级装配式建筑生产基地；加大政策支持力度，力争用 10 年时间使装配式建筑占新建建筑的比例达到 30％，积极稳妥地推广钢结构建筑。同年 3 月，装配式建筑首次出现在政府工作报告中，明确要求"大力发展钢结构和装配式建筑，提高建筑工程标准和质量"。装配式建筑受到国家的重视，同年 9 月，国务院办公厅印发《关于大力发展装配式建筑的指导意见》，明确了大力发展装配式建筑的目标及八项任务。该指导意见中明确指出装配式建筑发展的重点区域为京津冀、长三角、珠三角及常住人口为 300 万以上的城市。同年 11 月，住房和城乡建设部在上海召开全国装配式建筑现场会，陈政高部长提出"大力发展装配式建筑，促进建筑业转型升级"，并明确了发展装配式建筑必须抓好的七项工作。国家在政策上大力支持装配式建筑的发展，在这样的社会背景下，装配式建筑蓬勃发展。2017 年 2 月，国务院办公厅发布《关于促进建筑业持续健康发展的意见》，再次重申"推动建造方式创新，大力发展装配式混凝土和钢结构建筑，力争用 10 年左右时间，使装配式建筑占新建建筑的比例达到 30％"。2017 年 3 月，为全面推进装配式建筑发展，住房和城乡建设部制定了《"十三五"装配式建筑行动方案》《装配式建筑示范城市管理办法》《装配式建筑产业基地管理办法》等管理办法，以加速装配式建筑的发展。

## 1.2 集成建筑分类及特点

### 1.2.1 分类

装配式集成建筑结构体系分为装配式混凝土结构体系、木结构体系、钢结构体系、其他结构体系等。装配式混凝土结构体系下分三个小体系，分别是装配式剪力墙结构、装配式框架结构、大板箱式结构等；钢结构体系下分三个小体系，分别是框架-支撑-剪力墙结构、轻钢体系、新型模块式结构、柱结构、交错桁架结构等。装配式集成建筑结构体系如图 1.2 所示。

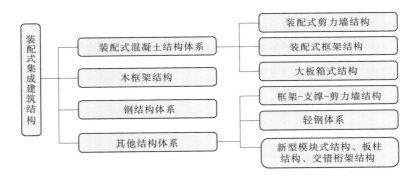

图 1.2　装配式集成建筑结构体系

装配式混凝土结构是以预制混凝土构件（也称 PC 构件）为主要构件，经工厂预制，现场进行装配连接，并在结合部分现浇混凝土而成的结构。这个结构体系最接近传统的现浇混凝土结构体系，优点在于大部分构件实现了预制，仅部分梁、柱等配件采用现场浇筑，大大提升了施工速度，也可实现管线的预制，集成化程度高，但不适合临建项目，对于永久性建筑意义重大。

预制装配式钢结构建筑以钢柱及钢梁作为主要承重构件。钢结构建筑自重轻、跨度大、抗风及抗震性好、保温隔热、隔声效果好，符合可持续化发展的方针。本体系中的集成房屋及箱式房屋在厂房、底层结构建筑（如轻钢别墅）、模块化建筑等方面应用更为广泛。集成房屋是一种以轻钢为骨架，以夹芯板为围护材料，以标准模数系列进行空间组合，构件采用螺栓连接，全新概念的环保经济型活动房屋。

与传统的砖混结构房屋相比，新型建材系统的集成房屋具有的优势无可替代，因为一般的砖混结构房屋的墙体厚度多为 240mm，而集成房屋在同区域条件下小于 240mm；集成房屋的室内可用面积比传统的砖混结构房屋大得多。

## 1.2.2　特点

集成房屋具有以下特点：

（1）结构安全。可以抵抗 11 级风，结构特殊处理后可抵御 17 级飓风。

（2）防腐性能好。结构均用薄壁的热镀锌冷弯型钢制成，防腐性能好。

（3）加工周期短。可实现机械化、大批量生产，缩短了加工周期。

（4）密封性能好。结构框架置于墙顶板内侧，外维护板材形成无缝连接。

（5）安装速度快。结构体系为全螺栓连接，现场无需焊接，大大缩短了施工周期。

（6）设计灵活。可根据客户需求提供个性化设计。

图 1.3 和图 1.4 所示为常见集成房屋产品图片。

图 1.3　集成房屋单层产品

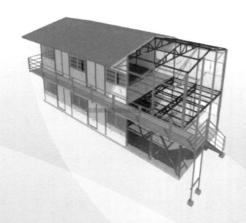
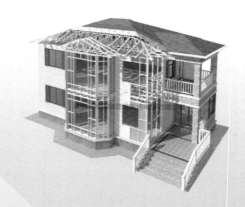

图 1.4　集成房屋双层产品

## 1.3 箱式房

箱式房是集成房屋中的一类，起初大部分是作为临时工地用房，随着发展，其功能从临时用房升级为可舒适居住的居民用房。首先，节约成本，房子使用的建筑材料即钢结构和彩钢板都是环保的建筑材料，不会产生大量建筑垃圾，而建造一间砖混结构的住房要使用各种建筑材料，用量大且费用很高，还会产生大量的建筑垃圾，而箱式房可以循环使用，经济环保；其次，居住舒适，里面卫浴设施齐全，可以根据需要摆放不同品位的家具等常用生活设备，如空调、热水器等家用电器，也可以保证生活的舒适度。箱式房产品如图 1.5 所示。

图 1.5　箱式房产品

箱式房具有以下特点：

（1）模块化。由于该类房屋长、宽、高尺寸固定，因此可以设几种固定的功能间布局，根据不同的使用要求，不同功能的房屋可以灵活地进行组合，使之成为定型化的产品，使批量化生产成为可能。

（2）高度集成化。现场无需二次装修，吊装落位即可入住。

（3）整体移动。现场不需拆装就可以整体挪动，可大大降低现场二次利用成本。

（4）运输成本低。为了适应长距离海运，箱式房将房体分为屋面、地面、立柱、板材几个部分，几栋房子可整体打包成一个集装箱体积的独立包装直接进行远洋运输，节省了大量的运输费用。

箱式房可根据使用的需求灵活布局，适用范围非常广泛，从功能上来说，可以用做宿舍、办公、餐厅、娱乐室等功能用房；从行业上来说，涵盖建筑、铁路、公路、水利、石油、旅游和军事等领域；从地域上来说，无论是高温、高寒还是戈壁、沿海，箱式房均能很好地适应。图 1.6～图 1.9 所示为箱式房实际项目效果展示图。

图 1.6　箱式房营地

图 1.7　箱式房营地鸟瞰图

图 1.8　箱式房项目 1

图 1.9　箱式房项目 2

## 1.4 集成建筑电气设计特点（中标）

由于轻钢结构临时建筑的层数不超过三层，所以不涉及使用电缆竖井或电缆桥架，建筑内线缆布置和混凝土建筑比较起来相对简单一些。但也有其特殊之处，采用单元式供电，几个、几十个功能间组成一个单元，设置一套小型配电箱为这个单元供电。这些供电单元分布在一个营区内，各单元均从变压器室引电。这样就形成了一套完整的供配电体系。一般集成房屋或箱式房组成一个供电单元的布局如图1.10和图1.11所示。这样营地的概念也应运而生，营地的意义在于给使用者一套整体解决方案，营地相对于外部来说是一个独立的空间，内部设施齐全，不论是生活需求还是办公、生产方面的需求，在营地内均可以得到满足，营地就是外海工作者共同的"家"。营地内各供电单元电气设计具有以下特点：

（1）宿舍主要负载为空调、照明器具、热水器。

（2）办公室主要负载为空调、照明器具。

（3）公共淋浴、盥洗、卫生间主要负载为照明器具、热水器。

（4）厨房、食堂主要负载为空调、照明器具、热水器、厨房大功率设备。

（5）单管荧光灯作为照明灯具的场所为宿舍、餐厅、厨房、储藏间、娱乐室等。

（6）双管荧光灯作为照明灯具的场所为办公室、绘图室、会议室、医疗室等。

（7）吸顶灯作为照明灯具的场所为浴室、卫生间、公共盥洗室、走廊等。

（8）照明采用中标 BV－1.5mm² 导线（有特殊要求时采用 BV－2.5mm² 导线）。

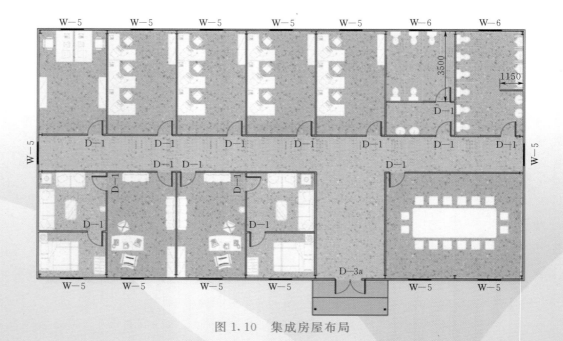

图 1.10　集成房屋布局

（9）插座采用中标 $BV-2.5mm^2$ 导线（有特殊要求时采用 $BV-4.0mm^2$ 导线）。

（10）空调采用中标 $BV-4.0mm^2$ 导线。

（11）导线敷设方式为：横向大多数是在吊顶板内穿管敷设；竖向则是在墙面上穿线槽明装敷设或在墙内穿线管暗敷设（由于墙板为"三明治板"，采用暗敷设时墙板厚度不得小于 $75mm$）。

（12）一般宿舍每间设置两个插座、一个空调、两个单管荧光灯、一个一位开关（宿舍面积一般为 $20m^2$ 左右）。其他功能间，如办公室、卫生间、厨房食堂等单元需根据功能间类型、大小、使用人数等决定使用何种灯具、灯具数量、插座数量以及空调设置的数量等。

图 1.11　箱式房布局

# 第2章

# 美标建筑电气简介

## 2.1　美国电网、电压、频率

美国电网的组成和我国有着很大的差异，美国电网由私有及公有公司共同组成，我国则是由国家统一调配。除此以外，在电压、频率等方面和我国也不同，这种差异的存在使得国内制造的电器设备销售到美国有可能出现不能完全出力，甚至出现不能工作的情况。为了避免这种情况，必须了解美国电网、电压、频率的相关知识。

### 2.1.1　美国电网

美国电网在早期是由私有和公有公司根据各自的负荷和电源条件组成的一个个孤立的电网。随后在互惠互利的原则上通过双边或者多边协议相互联网，同步运行，这与我国电网的组成形式有着很大的区别，我国电网为国家统一规划建设、经营，不存在私有的情况。美国联网运行后形成了目前三大联合电网，即东部电网、西部电网和得克萨斯联合电网。三个电网主要通过直流背靠背联系，运行频率为60Hz。东部电网和西部电网（除加利福尼亚电网）分别与加拿大电网并网运行，西部的加利福尼亚电网和南部的德克萨斯电网与墨西哥电网连接。

东部电网和西部电网以洛基山脉为界。西部电网包括亚利桑那州、新墨西哥州、加利福尼亚州、科罗拉多州、爱达荷州、蒙大拿州、内华达州、俄勒冈州、犹他州、华盛顿州、怀俄明州，以及加拿大的阿尔伯特省和不列颠哥伦比亚省。

西部电网从加拿大西部经美国西部延伸到墨西哥的下加利福尼亚州，电网供电区域较广，除了城市电网，其他区域电网比较松散，运行方面的最大挑战是长距离输电下如何保持电网的稳定。2007年，西部电网230kV以上线路长为9.5万km，覆盖美国 6150 万人口，年消费电量 5852 亿 kW・h。

东部电网覆盖美国东北大部，除东部各州及阿拉斯加州和夏威夷的其他州外，还包括加拿大的萨斯喀彻温省、明尼托巴省、安大略省和魁北克省，是美国规模最大而且联系最紧密的电网，运行方面的最大挑战是线路的功率越限。东部电网通过六条直流联络线与西部电网相连，通过两条直流联络线与得克萨斯州电网相连，通过四条联络线和一套变频变压器与魁北克电网相连。2007 年，东部电网 230kV 以上线路长为 15.5 万 km，覆盖美国 21595 万人口，年消费电量 29410 亿 kW・h。

得克萨斯州电网覆盖得克萨斯州大部分地区，得克萨斯州电网与西部电网通过直流背靠背工程联网，与东部电网通过两条直流联络线互联，与墨西哥电网通过一条直流线路和一套变频变压器互联。2007 年，得克萨斯州电网 230kV 以上线路长为 1.4 万 km，覆盖 2384 万人口，年消费电量约 2750 亿 kW・h。

加拿大魁北克电网覆盖魁北克大部分地区，与东部电网通过四条直流联络线与一套变频变压器互联。目前魁北克电网通过直流线路、直流背靠背站和 765kV 超高压线路向美国境内的新英格兰控制区和纽约控制区输电。

## 2.1.2 美国电压

根据 ANSI - C84.1—2006 的相关规定，美国新建工程及项目在选择系统电压及用户端电压时应在"范围 A"内选择合适的电压等级，但也存在超出"范围 A"电压等级的"范围 B"的电压。实际设计时，应尽量避免超出"范围 A"。"范围 A"内的常用电压等级如下。

**1. 低压供电**

范围：低压（LV）≤1kV。

常用电压：120V、120V/240V、208V/120V、240V、347V、480V/277V、480V、600V/347V、600V，其中 480V 及以上用于工业动力，120V、208V/120V、240V、277V 用于照明和民用。

**2. 中压供电**

范围：1kV≤中压（MV）≤100kV。

常用电压：13.2kV、4.16kV、2.4kV 等。

**3. 高压供电**

范围：100kV≤高压（HV）≤230kV。

常用电压：115kV、138kV、161kV、230kV。

**4. 超高压供电**

范围：230kV≤超高压（EHV）≤1000kV。

常用电压：345kV、500kV、765kV。

**5. 特高压供电**

范围：特高压（UHV）≥1000kV。

美国电压等级多，配电网络复杂，电力建设初期投入较大。但复杂的系统也有其优点，120V 电压给家用电器之类的小型电器供电时，其直接接触电压和间接接触电压分别降为 120V 和 60V，电击死亡的危险性相应减小；480V 或更高电压用于工业大负荷设备。在居民用电方面考虑更多的是安全，在工业用电方面则优先考虑效率。

在实际生活中用到的电器如灯具、软线连接的小型家电插座使用 120V 电压，空调、热水器、电暖气等固定电器使用 120V/240V 双电压，电灶、壁式烤箱等大功率设备使用 240V 电压，常用电器电压等级见表 2.1。

表 2.1　　　　　　　　　　　常 用 电 器 电 压 等 级

| 序号 | 回路电压/V | 电 器 产 品 |
|------|-----------|-------------|
| 1 | 120 | 照明灯具、宿舍插座回路、电视机、电脑、洗碗机、微波炉 |
| 2 | 240 | 电灶、干衣机、热水器、空调 |

### 2.1.3　美国频率

美国交流电频率为 60Hz。频率对于纯电阻负载无影响（如白炽灯、热水器等）；对于带电动机的电器，如空调、冰箱、电风扇等会影响其电机的转速，甚至会导致电机过热，缩短电器寿命。美标项目进行采购时需格外注意采购材料是否符合美国电气标准。

## 2.2　美国低压入户系统

我国低压带电导体系统中常用的三相三线制、三相四线制等系统在美国也大量使用，而单相三线制系统在我国没有出现但在美国低压供电系统中却应用广泛。我国低压供电电压是 220V/380V，美国配电系统中与之对应的则是 120V/240V。我国入户的低压电一般采用集中变压的方式，而美国一户单独一台变压器的情况较为普遍。以上这些差异导致从配电系统到用电设备中美标准都存在很大的差异，本节着重介绍美国低压入户系统的组成以及 120V 电压的由来、使用。

### 2.2.1　系统简介

美国住宅供电线路进户的方式一般有架空敷设、地埋敷设、架空转地埋敷设三种，如图 2.1 所示。具体采用哪种方式要根据现场的实际情况决定。

（1）架空敷设具有以下优点：

1）不需要挖沟，不破坏地面，不会出现损坏其他地埋线缆、管道的情况。

2）可以很直观地看到线路是否完好。

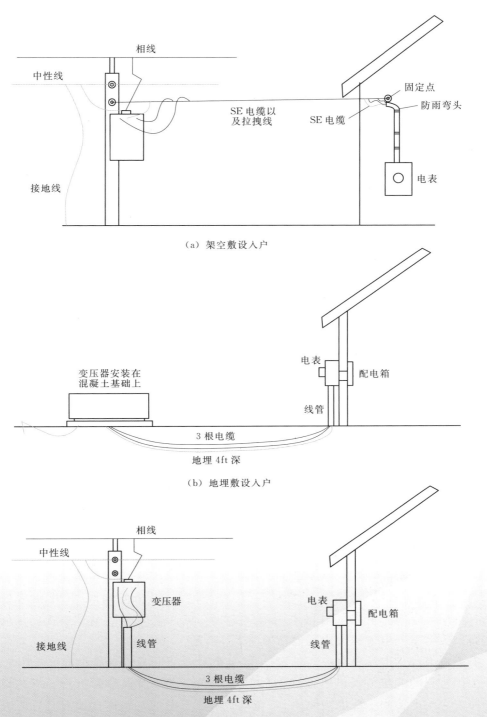

（a）架空敷设入户

（b）地埋敷设入户

（c）架空转地埋敷设入户

图 2.1 住宅供电线路三种进户方式

（注：1ft＝0.3048m）

3）可以跨越小溪、大的岩石和沼泽。

（2）地埋敷设具有以下优点：

1）能尽量少砍树，且没有明敷的线缆、管道、电线杆，房子整体更美观。

2）通行权要求较小。

3）免受雨、雪、风及树木坠落的破坏。

4）政府可以提供电缆到住户的室外终端头。

无论采用何种方式入户，均需在室外设置电表，方便抄表人员读取数据。同时，电表的设置位置和室内配电箱的位置应该是对应的，这样方便从电表引电缆到配电箱。当中压线路采用架空敷设时，室外变压器安装在室外中压线路的电线杆上，变压器可以很方便地从电线杆上的高压线路取电，而从变压器到房屋电表这段线路可以采用架空或者地埋两种方式敷设。当室外不方便设置电线杆时，也可以将变压器放在室外草坪上，在草坪上砌筑混凝土基础供变压器安装使用。变压器有金属外壳，防护严密、整体美观、安全规整。从变压器到房屋电表这段线路采用地埋的敷设方式。

在中压线路的电线杆上安装小型变压器，变压器的一次侧与中压连接，二次侧出两根火线，两根火线相位角相差 180°。中压侧的中性线接地后与低压侧的中性线连接，并在房屋配电箱处重复接地。由电线杆的变压器到室外电表的电缆称为 SE（Service - entrance Cable）电缆，具有耐腐蚀、抗紫外线、机械强度好等特点，常用电缆规格及载流量见表 2.2。

从室外电表（Meter）到室内配电箱（Service Panel）这段电缆也采用 SE 电缆，但不同的是此段电缆线径最大为 2/0，单回路电流最大为 200A。采用这种设置方式的原因在于，典型的 300A 或者 400A 的室内配电箱内部接线空间最多设置为 40 回路，但一栋房屋如果需要 300A 或者 400A 作为主电源进线，回路数必然会远远超过 40 回，所以内部接线空间不能满足要求。为保险起见，最好不用超过 200A 的配电箱。

若需要 300A 或者 400A 的电源供电，解决办法是：当电源进线为 300A 时，将 300A 分配到一个 200A 和一个 100A 两个配电箱上，从室外电表到室内配电箱采用两根电缆连接，一根 2/0（200A 载流量）电缆，一根 4AWG（100A 载流量）电缆，从而分为两回路；同理，当电源进线为 400A 时，将 400A 分配到两个 200A 室内配电箱上，从室外电缆到室内配电箱采用两根 2/0（200A 载流量）电缆连接，从而分为两回路。美标室外电表到室内配电箱如图 2.2 所示。

电缆规格和供电规格对应表见表 2.2。通过表 2.2 可以快速查询导体选用尺寸。

美国常见的连栋公寓供电方式为放射式供电，室外设置总配电箱，每栋设置子配电箱，总配电箱到子配电箱使用 SE 电缆或者 UF 电缆，每栋均设置室外电表方便单独计费。在各栋的子配电箱内可配置 20 多台微型断路器，各种大型电器及小型电器的插座回路均分别由断路器保护，各室内供电线路导线截面的选择除按计算的需用负荷乘以安全系数 1.25 外，还规定其至末端的电压损耗不大于 5%，以保证用电安全和质量，而且一个分路故障不会造成全部停电。

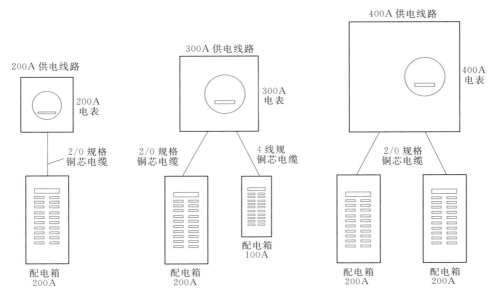

图 2.2　美标室外电表到室内配电箱图示

表 2.2　　　　　　　　　供电线路规格与导体尺寸对应表

| 供电线路 | 序号 | 供电规格 | 铜导体尺寸 | 铝导体尺寸 |
|---|---|---|---|---|
| 避雨弯头<br>到电表<br>基座 | 1 | 200A | 2/0 | 4/0 |
|  | 2 | 300A | 250 千圆密尔 | 350 千圆密尔 |
|  | 3 | 400A | 400 千圆密尔 | 600 千圆密尔 |
| 电表基座<br>到配电箱 | 1 | 200A | 2/0 | 4/0 |
|  | 2 | 300A<br>（200A 配电箱和 100A 配电箱） | 一条 2/0，<br>一条 4 号 | 一条 4/0，<br>一条 2 号 |
|  | 3 | 400A<br>（两个 200A 配电箱） | 两条 2/0 | 两条 4/0 |

多户住宅供电如图 2.3 所示。

## 2.2.2　120V/240V 电压介绍

120V/240V 电压在我国并不常见，在美国则普遍使用。下面着重介绍 120V/240V 电压产生的原理、接线方式等。

用户使用的低压电来自室外小型变压器（图 2.4），变压器设置在中压电杆上。小型变压器的一次侧接中压线路，二次侧引出两根火线，两根火线间电压为 240V。

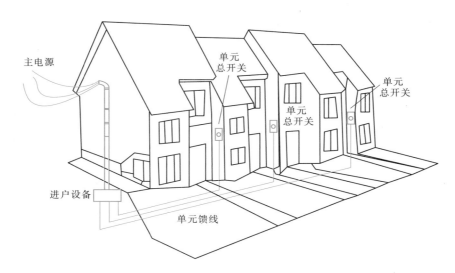

图 2.3　多户住宅供电示意图

再从变压器的中点引出一根中性线，此线即零线也是接地线，火线对中性线间的电压为 120V。中性线只载不平衡电流，三次谐波不会像三相四线制中在中性线上叠加。

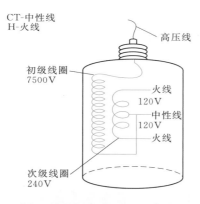

图 2.4　小型变压器示意图

美国的单相三线制系统在 IEC 标准中被称为两相三线制系统。因为两条 120V 单相回路中的电流相位角度差为 180°，它是两相而非单相，单相三线制供电方式原理基本如此。小型变压器副边接法与我国类似，也有星形接法和三角形接法，如图 2.5 所示。

从变压器到配电箱接一根三芯 SE 电缆，SE 电缆内部三根导线的接线方式决定配电箱的电压。

方式一：两根火线，一根地线，配电箱仅有 240V 电压。

方式二：一根火线，一根零线，一根接地线，仅有 120V 电压。

方式三：两根火线，一根零线，一根接地线，120V 和 240V 电压都有。

图 2.6～图 2.8 所示左侧为变压器，右侧为配电箱，箭头标识电流方向，配电箱内左侧两条竖向的线为火线母排，右侧为零线/接地线母排。

120V/240V 双电压供电适用于电动炉具和电动烘干机，这类电器电热部分功率较大，采用 240V 电压，而控制部分及传动部分采用 120V 电压，这样既兼顾了用电安全，又保证了用电效率。中性线仅负载一条火线上的电流，相对于火线需要负载双电压电流要小一些。这就是中性线比火线电流更小的原因。

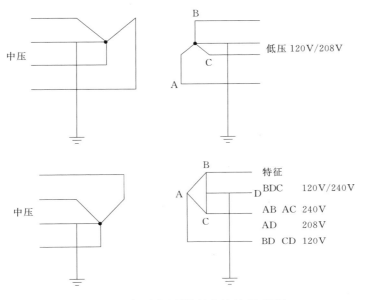

图 2.5 小型变压器副边接法示意图

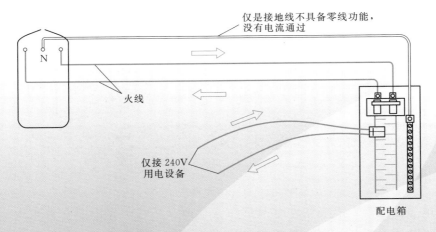

图 2.6 仅提供 240V 供电示意图

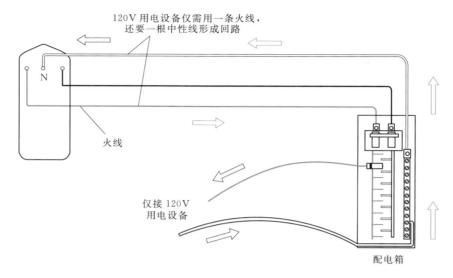

图 2.7 仅提供 120V 供电示意图

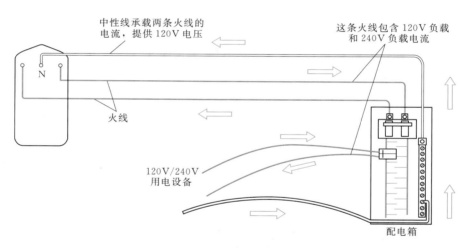

图 2.8 120V/240V 双电压供电示意图

## 2.3 美标配电设备

### 2.3.1 电表

美标电表呈圆形，电表基座有圆形和方形两种，和中标电表在外形上有很大的差别。电表基座为 1.2～1.5mm 厚的镀锌钢板，表面烤灰色粉末聚酯漆，可以提高防腐性能。电表额定工作电压为 600V，内部有足够的接线空间，内部设置接线端子方便连接电缆。

美标室外电表基座及电表如图 2.9 所示。

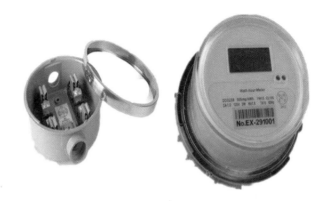

（a）基座　　　　　　　　　　　　（b）电表

图 2.9　美标室外电表基座及电表

电表安装在室外墙面上，方便抄表人员读取参数。室内配电箱和室外电表对应安装，方便 SE 电缆从室外穿线管到室内实现电表和配电箱的电气连接。

美标室外电表安装如图 2.10 所示。

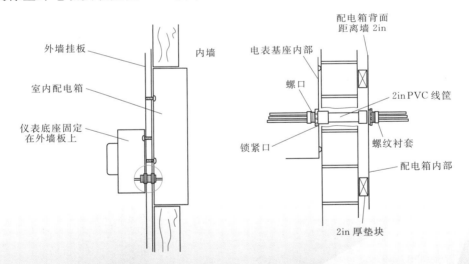

图 2.10　美标室外电表安装示意图（电表安装在墙上）
（注：1in＝2.54cm）

400A 电表基座，进线为两回路。400A 进线虽然可以用 4/0 的 SE 电缆作为供电线，但 4/0 的 SE 电缆直径太大，安装非常不方便。所以采用两根 200A 回路供电，黄色和蓝色标记两条火线，中性线采用白色标记，接地线在图中没有体现，采用绿色标记。

美标电表基座接线图如图 2.11 所示。

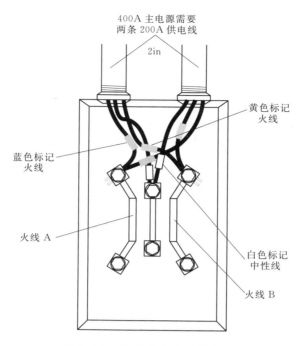

图 2.11　美标电表基座接线图

## 2.3.2　配电箱

　　美标配电箱与我国配电箱相差很大，美式配电箱有两个火线母排（图 2.12 中间两铜排），周围一圈为中性线（Neutral Wire）母排，中性线和接地线（Grounding

（a）实物图

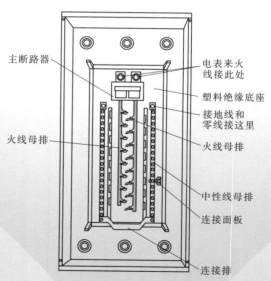

（b）示意图

图 2.12　美标配电箱

Wire) 都接到这一母排上。国内配电箱内部断路器上口采用 BV 导线连接，断路器下口接外来线缆；而美式断路器直接卡在配电箱的火线母排上，下口连接外来线缆。

图 2.13 所示为美式配电箱商标，此配电箱规格为 200A，内部最大可以容纳 40 条回路，室内暗装配电箱，母排材质为铜，接线方式为单相三线制，可提供 120V/240V 两种制式电压，通过了 UL 及 NEMA 认证。实际工作中遇到这类商标可以快速地读取很多有用的信息。

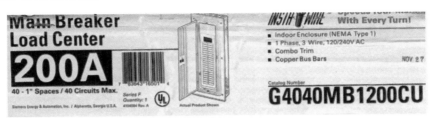

图 2.13 美式配电箱商标

（注：对于一般美式配电箱，200A 配电箱内部预留回路数为 40 回路；300A 配电箱内部预留回路数为 60 回路；400A 配电箱内部预留回路数为 80 回路）

在实际生活中，有时一个配电箱需要从主配电箱转换为子配电箱，接线方式就需要做相应的改变。如图 2.14（a）所示，主配电箱箱体内左侧和右侧设置有接地铜排和零线铜排，接地铜排和零线铜排通过连接铜排连接到一起。上口进线为三芯 SE 电缆，三芯分别是两根火线，一根中性线，中性线既作为零线也作为接地线使用，主配电箱必须配备主断路器。而作为子配电箱时需要拆除连接铜排零线和接地线要分开，主断路器为选装，进线电缆为四芯 SE 电缆，如图 2.14（b）所示。

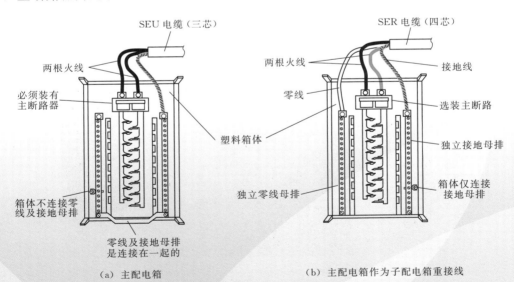

（a）主配电箱  （b）主配电箱作为子配电箱重接线

图 2.14 配电箱转换接线方式

（注：主配电箱转换为子配电箱以后可以通过拆除连接母排实现零线母排和接地母排的分离）

　　SER 电缆的接地线是裸露的单股铜线，其他两根火线及中性线带有护套，这是与国内电缆不同的地方。后面的电缆选型篇对常用电缆有相关简介。

　　子配电箱接线方法如图 2.15 所示。

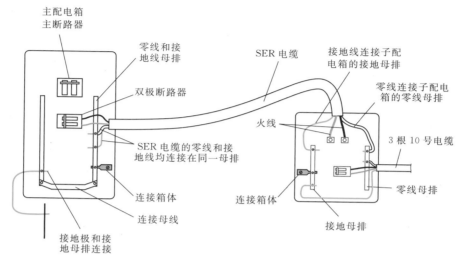

图 2.15　子配电箱接线方法

### 2.3.3　断路器

　　美标断路器一端接输出导线，另一端卡在配电箱的火线铜母排上。分为单极、双极、三极等。图 2.16（a）中左侧两个分别是单极断路器和双极断路器（标准宽度为 1in），最右侧的为 0.5in 宽的单极断路器，并非常用规格。

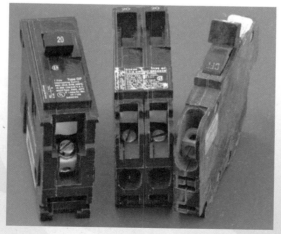

（a）双极　　　　　　　　　　　（b）单极

图 2.16　美标断路器

（注：1in＝2.54cm）

单极断路器规格为 15～200A，常用规格有 15A、20A、25A、30A、40A、50A 等。对于一般的住宅供电，15A、20A 的断路器最为常用，12A 和 20A 的断路器用于低功率的热水器；30A 的断路器用于一般的热水器、干燥机；40A 和 50A 的断路器用于厨灶；大于 50A 的断路器用于加热系统（地热等）。

美标断路器安装方式如图 2.17 所示。

图 2.17　美标断路器安装方式

## 2.4　美标供电终端设备

### 2.4.1　插座

**1. 小型家电回路**

小型家电回路常用美标 15A 插座，其参数见表 2.3，其外形如图 2.18 所示。美标 15A 插座常用于电视机、计算机、微波炉、洗碗机、食物残渣处理机等回路类型。

(a) 产品图片　　　　　(b) 面盖　　　　　(c) 接线

图 2.18　美标 15A 插座

表 2.3　　　　　　　　　　　美标 15A 插座参数

| 型号 | NEMA Type 5 – 15R | 插座颜色 | 象牙白 |
| --- | --- | --- | --- |
| 插头插座类型 | 直叶片 | 电压等级 | 125V |
| 极数 | 2 | 额定电流 | 15A |
| 线数 | 3 | 执行标准 | UL、CSA |

**2. 较大功率插座回路**

较大功率插座回路常用美标 30A 插座，其参数见表 2.4，其外形如图 2.19 所示。美标 30A 插座常用于干衣机、大功率空调、热水器等回路类型。

表 2.4　　　　　　　　　　　美标 30A 插座参数

| 型号 | NEMA Type 14 – 30R | 插座颜色 | 黑色 |
| --- | --- | --- | --- |
| 插头插座类型 | 直叶片 | 电压等级 | 120V/240V |
| 极数 | 3 | 额定电流 | 30A |
| 线数 | 3/4 | 执行标准 | UL、CSA |

（a）四接线柱　　　　　　　　　（b）三接线柱　　　　　　　　　（c）面盖

图 2.19　美标 30A 插座

美标 15A 和 30A 插座接线如图 2.20 所示。

**3. 大功率插座回路**

大功率插座回路常用美标 50A 插座，其参数见表 2.5，其外形如图 2.21 所示。美标 50A 插座常用于电灶、室外热泵、电干衣机等回路类型。

表 2.5　　　　　　　　　　　美标 50A 插座参数表

| 型号 | NEMA Type 14 – 50R | 插座颜色 | 黑色 |
| --- | --- | --- | --- |
| 插头插座类型 | 直叶片 | 电压等级 | 240V |
| 极数 | 3 | 额定电流 | 50A |
| 线数 | 4 | 执行标准 | UL、CSA |

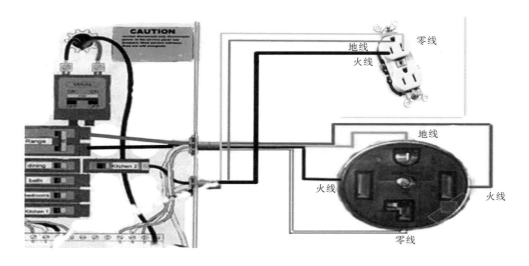

图 2.20　美标 15A 和 30A 插座接线

（a）产品图片　　　（b）背部　　　（c）插头　　　（d）面盖

图 2.21　美标 50A 插座

美标 50A 插座接线如图 2.22 所示。

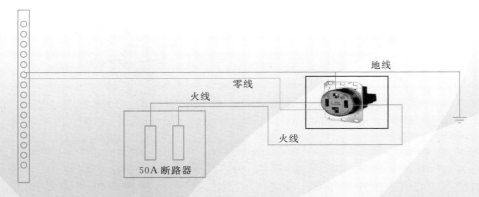

图 2.22　美标 50A 插座接线图

**4. GFCI 保护**

（1）GFCI 定义。GFCI（Ground Fault Circuit Interrupter，接地故障电流漏电保护器）是针对北美市场的一种特殊保护设备。工作电压 AC 264～AC 102V，工作温度 -35～66℃，断开时间小于 25ms（在 500Ω 的阻抗下的*），断开电流为 4～6mA。北美对 GFCI 的认证极为严格，主要有 UL 和 ETL 认证，如果做 UL 认证，产品的所有测试均在美国 UL 实验室进行；如果做 ETL 认证，可在我国国内进行测试。GFCI 是美国政府为保护人们人身安全而强制推行的安全装置，旨在保护人们免受严重或致命的电击。

（2）GFCI 工作原理。因为 GFCI 检测接地故障，因此它可以防止一些电气火灾和严重的人身伤亡事故的发生。工作原理如下，在家庭中的布线系统，在一个电源插座上，正常情况下火线（Hot）和零线（Neutral）的电流应该相等，GFCI 监视其电流差，当电流差大于 6mA（根据 UL943 标准，漏电流为 6mA 时，断开时间为 25ms）时，它就能在不超过 25ms（根据 UL943 标准，在 500Ω 的阻抗下，漏电流为 4～6mA 时的断开时间）的瞬间将电源切断，从而保证人身安全。GFCI 插座实物及其接线如图 2.23 所示，GFCI 工作原理如图 2.24 所示。

（a）实物

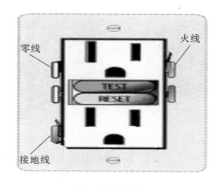
（b）接线示意图

图 2.23　GFCI 插座实物及其接线

（3）GFCI 的应用场所。游泳池水下照明插座、所有室外插座、所有浴室插座、所有车库插座、所有厨房插座、所有房基和地下室的插座、所有酒柜吧台下水装置临近的插座、所有洗衣间的插座均强制要求使用 GFCI。

（4）使用注意事项。GFCI 安装完成后应做相应的检验，以确保其工作正常，能妥善保护电路。CFCI 每月测试一次，以确保它们工作正常。测试 GFCI 的方法是：首先插上测试灯，这时测试灯应该立即亮，按下 "TEST" 按钮，该 GFCI 的 "RESET" 按钮应该弹出，同时测试灯会熄灭。如果 "RESET" 按钮弹出，但测试灯没有熄灭，GFCI 接线不正确。如果说 "RESET" 按钮没有弹出，则 GFCI 有缺陷，应当予以更换。如果 GFCI 功能完好，测试灯熄灭后，按下 "RESET" 按钮，应恢复电力供应。

目前，GFCI 有 GFCI 插座、GFCI 断路器、线上 GFCI 三个种类。现在有一种 GFCI 测试插头（Ground Fault Receptacle Tester，GFCI）可以方便地指示 GFCI 的功能。目前，GFCI 可广泛用于高压电动清洗机、电动割草机、电动水泵、大电浴盆、电动收割机、电动水磨机、电动切割机、手持式电动工具等。

GFCI 测试插头如图 2.25 所示。

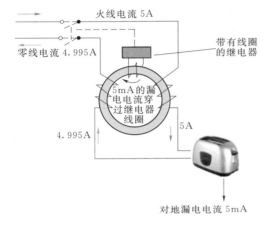

图 2.24　GFCI 工作原理图

图 2.25　GFCI 测试插头

## 2.4.2　开关、灯

美标灯具及开关和我国国标灯具及开关也有着不同之处。美标灯具的电压为 120V，而我国国标为 220V，若在国内生产的灯具销往美国，需要注意灯具的启动器和变压器均需做相应的改造以适应美标电压的需求，同时美标灯具均需设置接地线。美标开关和我国国标开关的工作原理一样，只是开关的外形不一样。

美标开关及其接线如图 2.26 和图 2.27 所示。

图 2.26　美标开关

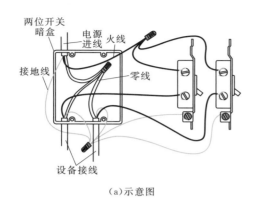
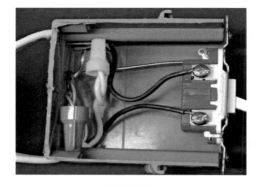

（a）示意图　　　　　　　　　　　　　　　（b）实物图

图 2.27　美标开关接线

美标照明灯具接线如图 2.28 所示。

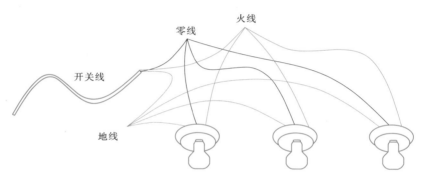

图 2.28　美标照明灯具接线

### 2.4.3　防护等级

**1. 防护等级**

IP 防护等级是电气设备安全防护的重要参数。IP 防护等级系统提供了一个以电器设备和包装的防尘、防水及防碰撞程度为标准对于产品进行分类的方法，这套系统得到了多数欧洲国家的认可，由国际电工协会 IEC（International Electro Technical Commission）起草，并在 IED529（BS EN 60529：1992）外包装防护等级（IP code）中发布。IP（Ingress Protection）防护等级系统将电器依其防尘、防湿气的特性加以分级。IP 防护等级由两个数字组成，第一个数字表示电器防尘、防止外物（指工具、人的手指等）侵入的等级，第二个数字表示电器防湿气、防水侵入的密闭程度，数字越大表示其防护等级越高。NEMA 防护等级是美国电气制造商协会工业控制装置和系统中的外壳防护标准。NEMA 的防护标准除了防尘、防水之外，还包括防爆（IEC 529 的 IP 代码只包括防尘和防水）。对比 IP 防护标准和 NEMA 防护标准中的描述，部分常用的防护规格见表 2.6。

表 2.6　　　　　　　NEMA 防护标准与 IP 防护标准的简单对比

| 序号 | NEMA 标准（外壳） | IEC 标准（外壳） | 序号 | NEMA 标准（外壳） | IEC 标准（外壳） |
|---|---|---|---|---|---|
| 1 | 1 | IP10 | 5 | 4&4X | IP56 |
| 2 | 3 | IP54 | 6 | 6&6P | IP67 |
| 3 | 3R | IP14 | 7 | 12&12K | IP52 |
| 4 | 3S | IP54 | | | |

**2. 防电弧保护**

在电气现场，电弧伤害一直是电气作业人员除直接触电外的最大伤害。国内还未对电气设备的电弧危害防护工具提出具体要求。美国对此已经研究了多年，各专业协会或机构对电弧防护提出了很多研究报告。NESC（National Electrical Safety Code）、NEC（NFPA-70）、NFPA-70E 对防范电弧伤害等有一系列标准做法和建议，包括电弧危害评估、电弧计算与分类、危险程度判断、防护配备标准以及个人防护设备（PPE）如何搭配应用等许多细节的实务建议；IEEE 1584 文件是专为计算电弧闪络的危害距离与能量而编制的指导应用文件。NEC 在文件中则规定必须在可能发生电弧闪络的设备上标示警告"电弧闪络危险"的标记。

由于中高压配电系统发生电弧燃弧后产生的能量很大，对现场作业人员的伤害较大，目前在美国，中高压开关设备多采用防电弧的柜型。IEEE C37.20.7—2007 对 38kV 以下金属开关柜内部电弧保护做了明确的要求，各大电气设备厂商对此均推出对应的设备（ARC-RESITANT）。其防护类型可分为两种：TYPE1 要求开关柜在正面具备防电弧作用，仅在开关柜正面操作，靠墙安装；TYPE2 要求开关柜在前后左右都具备防电弧作用，因为开关柜四面都有可能有人操作或经过。

## 2.5　美标导线

### 2.5.1　导线概述

**1. 额定电压下最小导线直径的要求**

NEC 对在各个电压等级下的导线最小线径均有相关规定，2000V 以下导线最小线径为 14 号铜线；2000～8000V 导线最小线径为 8 号铜线，其规格见表 2.7。

**2. 电线电缆标识规定**

所有导线及电缆都应遵照以下规定：

（1）最大额定电压。

（2）正确的类型字符。

（3）制造商名称、商标或其他易于相关部门进行产品识别的独特标记。

（4）AWG 规格或圆密耳面积。

表 2.7　　　　　　　　　　各电压等级下导线最小规格表

| 导线电压额定值/V | 最小导线尺寸（AWG） | |
|---|---|---|
| | 铜 | 铝或铜包铝 |
| 0～2000 | 14 | 12 |
| 2001～8000 | 8 | 8 |
| 8001～15000 | 2 | 2 |
| 15001～28000 | 1 | 1 |
| 28001～35000 | 1/0 | 1/0 |

注：AWG（American Wire Gauge，美国线规）是用一系列线规符号来表示导线直径的美国标准。

（5）中性线小于未接地导线时，电缆组件应标记。

**3. 导线颜色的选择**

美标中不同颜色导线所代表回路的设置和国内设置原则基本一致，具体设置原则见表 2.8。

表 2.8　　　　　　　　　　　　美 标 导 线 颜 色 表

| 序号 | 导线类型 | 导线颜色 | 备注 |
|---|---|---|---|
| 1 | 火线 | 黑色或茶色（或称啡色、棕色） | |
| 2 | 接零线 | 白色、红色、浅蓝色 | |
| 3 | 接地线 | 绿色或黄绿色 | |

**4. 美标导线规格**

美国导线规格（即线径、截面的表示方法）的表示方法与国内不同，是以 AWG（American Wire Gauge）和千圆密耳（MCM）两种制式表示。习惯上，中小截面（不大于 $107.2\text{mm}^2$）导线用 AWG 表示；大截面（不小于 $126.7\text{mm}^2$）导线用 MCM（表示）。在美标电气设计中，需要注意导线的选型。美国线规 AWG 是用一系列线规号来表示导线直径的美国标准。这一线规制式中的规格大致代表导线拉制过程中的步数，因而线号小的为粗线，线号越大直径越小。线规号递增三挡，导线截面面积约减少一半，电阻值则增加一倍。导线从小到大依次为 28、27、26、…、3、2、1（常用的规格为 18 号以下的偶数号），再大就是 0、00、000、0000（或表示为 1/0、2/0、3/0、4/0），见表 2.9。

美国还习惯用密耳（mil）为单位表示导线线芯的直径 $d$。$1\text{mil} = 0.001\text{in} = 0.0254\text{mm}$。但需要注意，导线截面面积不是按 $\pi d^2/4$ 计算，而是用 $d^2$ 表示。其单位为圆密耳（CM）或 MCM。$1\text{CM} = 0.0005067\text{mm}^2$，$1\text{MCM} = 0.5067\text{mm}^2$。用 MCM 表示的常见导线规格从小到大依次为 250、300、350、…、1500、1750、2000MCM，见表 2.10。

根据表 2.9 和表 2.10，已知导线的直径即可简捷地求出美标导线的截面。如

0000（即 4/0 ）号导线，其直径 $d = 0.460\mathrm{in} = 460\mathrm{mil}$ 美制截面圆密耳 $d^2 = (460\mathrm{mil})^2 = 211.6\mathrm{MCM}$，公制截面 $S = 211.6\mathrm{MCM} \times 0.5067 = 107.2\mathrm{mm}^2$。

表 2.9　　　　　　　　　　　美标线规与公制对照表

| 序号 | 美规线号（AWG） | 美规截面 $d^2$/cmil | 公制截面（$\pi d^2/4$）/mm² | 实芯裸线直径（圆棒） | | 多股裸绞线 | | | 25℃（77℉）时的直流电阻/[Ω/(kft)] | | | |
|---|---|---|---|---|---|---|---|---|---|---|---|---|
| | | | | 英制/in | 公制/mm | 股数 | 每股直径/in | 绞线直径/in | 铜 | | 铝 | |
| | | | | | | | | | 裸线 | 镀锡线 | | |
| 1 | 18 | 1620 | 0.8 | 0.0403 | 1.02 | 单股 | 0.0403 | 0.0403 | 6.5100 | 6.7900 | 10.7000 | |
| 2 | 16 | 2580 | 1.3 | 0.0508 | 1.29 | 单股 | 0.0508 | 0.0508 | 4.1000 | 4.2600 | 6.7200 | |
| 3 | 14 | 4110 | 2.1 | 0.0641 | 1.63 | 单股 | 0.0641 | 0.0641 | 2.5700 | 2.6800 | 4.2200 | |
| 4 | 12 | 6530 | 3.3 | 0.0808 | 2.05 | 单股 | 0.0808 | 0.0808 | 1.6200 | 1.6800 | 2.6600 | |
| 5 | 10 | 10380 | 5.2 | 0.1019 | 2.59 | 单股 | 0.1019 | 0.1019 | 1.0180 | 1.0600 | 1.6700 | |
| 6 | 8 | 16510 | 8.4 | 0.1285 | 3.26 | 单股 | 0.1285 | 0.1285 | 0.6404 | 0.6590 | 1.0500 | |
| 7 | 6 | 26240 | 13.3 | 0.1620 | 4.11 | 7 | 0.0612 | 0.1840 | 0.4100 | 0.4270 | 0.6740 | |
| 8 | 4 | 41740 | 21.1 | 0.2043 | 5.19 | 7 | 0.0772 | 0.2320 | 0.2590 | 0.2690 | 0.4240 | |
| 9 | 3 | 52620 | 26.7 | 0.2294 | 5.83 | 7 | 0.0867 | 0.2600 | 0.2050 | 0.2130 | 0.3360 | |
| 10 | 2 | 66360 | 33.6 | 0.2576 | 6.54 | 7 | 0.0974 | 0.2920 | 0.1620 | 0.1690 | 0.2660 | |
| 11 | 1 | 83690 | 42.4 | 0.2893 | 7.35 | 19 | 0.0664 | 0.3320 | 0.1290 | 0.1340 | 0.2110 | |
| 12 | 0 | 105600 | 53.5 | 0.3250 | 8.26 | 19 | 0.0745 | 0.3720 | 0.1020 | 0.1060 | 0.1680 | |
| 13 | 00 | 133100 | 67.4 | 0.3640 | 9.27 | 19 | 0.0837 | 0.4180 | 0.0811 | 0.0843 | 0.1330 | |
| 14 | 000 | 167800 | 85.0 | 0.4096 | 10.40 | 19 | 0.0940 | 0.4700 | 0.0642 | 0.0668 | 0.1050 | |
| 15 | 0000 | 211600 | 107.2 | 0.4600 | 11.68 | 19 | 0.1055 | 0.5280 | 0.0509 | 0.0525 | 0.0836 | |
| 16 | 250 | 250000 | 126.7 | 0.5 | 12.7 | 37 | 0.0822 | 0.575 | 0.04310 | 0.04490 | 0.07080 | |
| 17 | 300 | 300000 | 152.0 | 0.548 | 13.9 | 37 | 0.0900 | 0.630 | 0.03600 | 0.03740 | 0.05900 | |
| 18 | 350 | 350000 | 177.4 | 0.592 | 15.0 | 37 | 0.0973 | 0.681 | 0.03080 | 0.03200 | 0.05000 | |
| 19 | 400 | 400000 | 202.8 | 0.633 | 16.1 | 37 | 0.1040 | 0.728 | 0.02700 | 0.02780 | 0.04420 | |
| 20 | 500 | 500000 | 253.3 | 0.707 | 18.0 | 37 | 0.1162 | 0.813 | 0.02160 | 0.02220 | 0.03540 | |
| 21 | 600 | 600000 | 303.9 | 0.775 | 19.7 | 61 | 0.0992 | 0.893 | 0.01800 | 0.01870 | 0.02950 | |
| 22 | 700 | 700000 | 354.7 | 0.837 | 21.3 | 61 | 0.1071 | 0.964 | 0.01540 | 0.01590 | 0.02530 | |
| 23 | 750 | 750000 | 380.1 | 0.866 | 22.0 | 61 | 0.1109 | 0.998 | 0.01440 | 0.01480 | 0.02360 | |
| 24 | 800 | 800000 | 405.4 | 0.894 | 22.7 | 61 | 0.1145 | 1.030 | 0.01350 | 0.01390 | 0.02210 | |
| 25 | 900 | 900000 | 456.2 | 0.949 | 24.1 | 61 | 0.1215 | 1.090 | 0.01200 | 0.01230 | 0.01970 | |
| 26 | 1000 | 1000000 | 506.7 | 1.000 | 25.4 | 61 | 0.1280 | 1.150 | 0.01080 | 0.01110 | 0.01770 | |
| 27 | 1250 | 1250000 | 633.5 | 1.118 | 28.4 | 91 | 0.1172 | 1.289 | 0.00863 | 0.00888 | 0.01420 | |
| 28 | 1500 | 1500000 | 760.1 | 1.225 | 31.1 | 91 | 0.1284 | 1.410 | 0.00719 | 0.0074 | 0.01180 | |
| 29 | 1750 | 1750000 | 886.7 | 1.323 | 33.6 | 127 | 0.1174 | 1.526 | 0.00616 | 0.00634 | 0.01010 | |
| 30 | 2000 | 2000000 | 1013.4 | 1.414 | 35.9 | 127 | 0.1255 | 1.630 | 0.00539 | 0.00555 | 0.00885 | |

注：1kcmil $= 0.5067\mathrm{mm}^2$。

还应指出，美国资料中所给的导线直径和截面面积，通常仅表示其外形尺寸，对多股线指其外接圆，对绝缘线则包括其绝缘层和外护层，因此，线规号并不能表明导线的导电性能，要结合导线绝缘层规格表（表 2.11）及导线安全载流量规格表（表 2.12～表 2.21）来确定导线的相关性能。

**5. 导线绝缘层厚度的相关规定**

美标电缆在标识直径时只标识电缆的总线径，而不是标识内部铜/铝芯的线径，故而 NEC 对导线绝缘厚度有着相关的规定，总线径确定后再进一步确定绝缘层厚度，从而确定导线铜/铝芯的线径，进而可以确定导线的载流量。表 2.10 为 NEC 对导线绝缘厚度及导线的应用所作的详细解释，设计人员可查阅这些表格确定需要的导线类型、符号和相应的绝缘类型等参数。

表 2.10　　　　　　　　　　额定电压 600V 以下导线的应用及绝缘

| 序号 | 商品名称 | 类型符号 | 最大工作温度 | 应用规定 | 绝缘 | 绝缘厚度 | | | 护套 1 |
|---|---|---|---|---|---|---|---|---|---|
| | | | | | | AWG | mm | mil | |
| 1 | 氟乙烯丙烯 | FEP 或 FEPB | 90℃ (194℉) | 干燥和阴湿场所 | 氟乙烯丙烯 | 14～10 | 0.51 | 20 | 无 |
| | | | | | | 8～2 | 0.76 | 30 | |
| | | | 200℃ (392℉) | 干燥场所-特殊应用 2 | 氟乙烯丙烯 | 14～8 | 0.36 | 14 | 玻璃纤维编织线 |
| | | | | | | 6～2 | 0.36 | 14 | 玻璃纤维或其他适用的编织材料 |
| 2 | 矿物质绝缘（金属铠装） | MI | 90℃ (194℉) | 干燥和潮湿场所 | 氧化镁 | 18～163 | 0.58 | 23 | 铜或合金钢 |
| | | | | | | 16～10 | 0.91 | 36 | |
| | | | 250℃ (482℉) | 特殊应用场合 | | 9～4 | 1.27 | 50 | |
| | | | | | | 3～500 | 1.40 | 55 | |
| 3 | 防潮、隔热及耐油热塑性 | MTW | 60℃ (140℉) | 潮湿场所内机械工具的配线 | 阻燃、防潮、隔热及耐油热塑性 | (A) | (A) | (A) | (A) 无 尼龙护套或等同材料 |
| | | | 90℃ (194℉) | 干燥场所内机械工具的配线 | | 22～12 | 0.76 | 30 | |
| | | | | | | 10 | 0.76 | 30 | |
| | | | | | | 8 | 1.14 | 45 | |
| | | | | | | 6 | 1.52 | 60 | |
| | | | | | | 4～2 | 1.52 | 60 | |
| | | | | | | 1～4/0 | 2.03 | 80 | |
| | | | | | | 213～500 | 2.41 | 95 | |
| | | | | | | 501～1000 | 2.79 | 110 | |

| 序号 | 商品名称 | 类型符号 | 最大工作温度 | 应用规定 | 绝缘 | 绝缘厚度 | | | 护套1 |
|---|---|---|---|---|---|---|---|---|---|
| | | | | | | AWG | mm | mil | |
| 4 | 纸 | | 85℃（185℉） | 适用于地下电线，或特殊场合 | 纸 | | | | 铅护套 |
| 5 | 全氟烷氧基树脂 | PFA | 90℃（194℉） | 干燥和阴湿场所 | 全氟烷氧基树脂 | 14～10 | 0.51 | 20 | 无 |
| | | | 200℃（392℉） | 干燥场所-特殊应用2 | | 8～2 | 0.76 | 30 | |
| | | | | | | 1～4/0 | 1.14 | 45 | |
| 6 | 全氟烷氧基树脂 | PFAH | 250℃（482℉） | 仅限于干燥场所。只适用于仪器内导线或与仪器连接的导管内导线（仅限于镍或镍镀铜导线） | 全氟烷氧基树脂 | 14～10 | 0.51 | 20 | 无 |
| | | | | | | 8～2 | 0.76 | 30 | |
| | | | | | | 1～4/0 | 1.14 | 45 | |
| 7 | 热固型 | RHH | 90℃（194℉） | 干燥和阴湿场所 | | 14～10 | 1.14 | 45 | 防潮、阻燃、非金属包皮 |
| | | | | | | 8～2 | 1.52 | 60 | |
| | | | | | | 1～4/0 | 2.03 | 80 | |
| | | | | | | 213～500 | 2.41 | 95 | |
| | | | | | | 501～1000 | 2.79 | 110 | |
| | | | | | | 1001～2000 | 3.18 | 125 | |
| 8 | 防潮、热固型 | RHW4 | 75℃（167℉） | 干燥和潮湿场所 | 阻燃、防潮、热固型 | 14～10 | 1.14 | 45 | 防潮、阻燃、非金属包皮 |
| | | | | | | 8～2 | 1.52 | 60 | |
| | | RHW-2 | 90℃（194℉） | | | 1～4/0 | 2.03 | 80 | |
| | | | | | | 213～500 | 2.41 | 95 | |
| | | | | | | 501～1000 | 2.79 | 110 | |
| | | | | | | 1001～2000 | 3.18 | 125 | |
| 9 | 硅胶 | SA | 90℃（194℉） | 干燥和阴湿场所 | 硅胶 | 14～10 | 1.14 | 45 | 玻璃纤维或其他适用的编织材料 |
| | | | | | | 8～2 | 1.52 | 60 | |
| | | | 200℃（392℉） | 特殊应用场合2 | | 1～4/0 | 2.03 | 80 | |
| | | | | | | 213～500 | 2.41 | 95 | |
| | | | | | | 501～1000 | 2.79 | 110 | |
| | | | | | | 1001～2000 | 3.18 | 125 | |

续表

| 序号 | 商品名称 | 类型符号 | 最大工作温度 | 应用规定 | 绝缘 | 绝缘厚度 | | | 护套 1 |
|---|---|---|---|---|---|---|---|---|---|
| | | | | | | AWG | mm | mil | |
| 10 | 热固型 | SIS | 90℃ (194℉) | 仅限于开关板配线 | 阻燃、热固型 | 14～10 | 0.76 | 30 | 无 |
| | | | | | | 8～2 | 1.14 | 45 | |
| | | | | | | 1～4/0 | 2.41 | 55 | |
| 11 | 热塑性及纤维外编织层 | TBS | 90℃ (194℉) | 仅限于开关板配线 | 热塑性 | 14～10 | 0.76 | 30 | 阻燃、非金属包皮 |
| | | | | | | 8 | 1.14 | 45 | |
| | | | | | | 6～2 | 1.52 | 60 | |
| | | | | | | 1～4/0 | 2.03 | 80 | |
| 12 | 挤出四氟乙烯 | TFE | 250℃ (482℉) | 仅限于干燥场所,只适用于仪器内导线或与仪器连接的导管内导线,或作为明布线的导线(仅限于镍或镍镀铜导线) | 挤出四氟乙烯 | 14～10 | 0.51 | 20 | 无 |
| | | | | | | 8～2 | 0.76 | 30 | |
| | | | | | | 1～4/0 | 1.14 | 45 | |
| 13 | 耐热、热塑性 | THHN | 90℃ (194℉) | 干燥和阴湿场所 | 阻燃、耐热、热塑性 | 14～12 | 0.38 | 15 | 尼龙护套或等同材料 |
| | | | | | | 10 | 0.51 | 20 | |
| | | | | | | 8～6 | 0.76 | 30 | |
| | | | | | | 4～2 | 1.02 | 40 | |
| | | | | | | 1～4/0 | 1.27 | 50 | |
| | | | | | | 250～500 | 1.52 | 60 | |
| | | | | | | 501～1000 | 1.78 | 70 | |
| 14 | 防潮及耐热、热塑性 | THHW | 75℃ (167℉) | 潮湿场所 | 阻燃、防潮及耐热、热塑性 | 14～10 | 0.76 | 30 | 无 |
| | | | | | | 8 | 1.14 | 45 | |
| | | | | 干燥场所 | | 6～2 | 1.52 | 60 | |
| | | | 90℃ (194℉) | | | 1～4/0 | 2.03 | 80 | |
| | | | | | | 213～500 | 2.41 | 95 | |
| | | | | | | 501～1000 | 2.79 | 110 | |
| | | | | | | 1001～2000 | 3.18 | 125 | |

| 序号 | 商品名称 | 类型符号 | 最大工作温度 | 应用规定 | 绝缘 | 绝缘厚度 | | | 护套1 |
|---|---|---|---|---|---|---|---|---|---|
| | | | | | | AWG | mm | mil | |
| 15 | 防潮及耐热、热塑性 | THW | 75℃（167℉） | 干燥和潮湿场所 | 阻燃、防潮及耐热、热塑性 | 14~10 | 0.76 | 30 | 无 |
| | | | | | | 8 | 1.14 | 45 | |
| | | | 90℃（194℉） | 特殊用于放电照明设备内，限于1000V或更低的开路电压 | | 6~2 | 1.52 | 60 | |
| | | | | | | 1~4/0 | 2.03 | 80 | |
| | | | | | | 213~500 | 2.41 | 95 | |
| | | | | | | 501~1000 | 2.79 | 110 | |
| | | THW-2 | 90℃（194℉） | 干燥和潮湿场所 | | 1001~2000 | 3.18 | 125 | |
| 16 | 防潮及耐热、热塑性 | THWN | 75℃（167℉） | 干燥和潮湿场所 | 阻燃、防潮及耐热、热塑性 | 14~12 | 0.38 | 15 | 尼龙护套或等同材料 |
| | | | | | | 10 | 0.51 | 20 | |
| | | THWN-2 | 90℃（194℉） | | | 8~6 | 0.76 | 30 | |
| | | | | | | 4~2 | 1.02 | 40 | |
| | | | | | | 1~4/0 | 1.27 | 50 | |
| | | | | | | 250~500 | 1.52 | 60 | |
| | | | | | | 501~1000 | 1.78 | 70 | |
| 17 | 防潮、热塑性 | TW | 60℃（140℉） | 干燥和潮湿场所 | 阻燃、防潮及热塑性 | 14~10 | 0.76 | 30 | 无 |
| | | | | | | 8 | 1.14 | 45 | |
| | | | | | | 6~2 | 1.52 | 60 | |
| | | | | | | 1~4/0 | 2.03 | 80 | |
| | | | | | | 213~500 | 2.41 | 95 | |
| | | | | | | 501~1000 | 2.79 | 110 | |
| | | | | | | 1001~2000 | 3.18 | 125 | |
| 18 | 地下馈电线及支线电缆电-单芯（适用于采用超过1条导线的UF型电缆） | UF | 60℃（140℉） | 干燥和潮湿场所 | 防潮 | 14~10 | 1.52 | 605 | 与绝缘一体化 |
| | | | | | | 8~2 | 2.03 | 805 | |
| | | | 75℃（167℉） | | 防潮及耐热 | 1~4/0 | 2.41 | 955 | |

续表

| 序号 | 商品名称 | 类型符号 | 最大工作温度 | 应用规定 | 绝缘 | 绝缘厚度 | | | 护套1 |
|---|---|---|---|---|---|---|---|---|---|
| | | | | | | AWG | mm | mil | |
| 19 | 地下设施-进入电缆-单芯（适用于采用超过1条导线的USE型电缆） | USE | 75℃(167℉) | 干燥及潮湿场所 | 隔热及防潮 | 14～10 | 1.14 | 45 | 防潮非金属包皮 |
| | | | | | | 8～2 | 1.52 | 60 | |
| | | USE-2 | 90℃(194℉) | | | 1～4/0 | 2.03 | 80 | |
| | | | | | | 213～500 | 2.41 | 95 | |
| | | | | | | 501～1000 | 2.79 | 110 | |
| | | | | | | 1001～2000 | 3.18 | 125 | |
| 20 | 热固型 | XHH | 90℃(194℉) | 干燥和阴湿场所 | 阻燃、热固型 | 14～10 | 0.76 | 30 | 无 |
| | | | | | | 8～2 | 1.14 | 45 | |
| | | | | | | 1～4/0 | 1.4 | 55 | |
| | | | | | | 213～500 | 1.65 | 65 | |
| | | | | | | 501～1000 | 2.03 | 80 | |
| | | | | | | 1001～2000 | 2.41 | 95 | |
| 21 | 防潮、热固型 | XHHW4 | 90℃(194℉) | 干燥和阴湿场所 | 阻燃、防潮、热固型 | 14～10 | 0.76 | 30 | 无 |
| | | | | | | 8～2 | 1.14 | 45 | |
| | | | | | | 1～4/0 | 1.4 | 55 | |
| | | | 75℃(167℉) | 潮湿场所 | | 213～500 | 1.65 | 65 | |
| | | | | | | 501～1000 | 2.03 | 80 | |
| | | | | | | 1001～2000 | 2.41 | 95 | |
| 22 | 防潮、热固型 | XHHW-2 | 90℃(194℉) | 干燥及潮湿场所 | 阻燃、防潮、热固型 | 14～10 | 0.76 | 30 | 无 |
| | | | | | | 8～2 | 1.14 | 45 | |
| | | | | | | 1～4/0 | 1.4 | 55 | |
| | | | | | | 213～500 | 1.65 | 65 | |
| | | | | | | 501～1000 | 2.03 | 80 | |
| | | | | | | 1001～2000 | 2.41 | 95 | |
| 23 | 改性乙烯-四氟乙烯 | Z | 90℃(194℉) | 干燥和阴湿场所 | 改性乙烯-四氟乙烯 | 14～12 | 0.38 | 15 | 无 |
| | | | | | | 10 | 0.51 | 20 | |
| | | | 150℃(302℉) | 干燥场所-特殊应用 | | 8～4 | 0.64 | 25 | |
| | | | | | | 3～1 | 0.89 | 35 | |
| | | | | | | 1/0～4/0 | 1.14 | 45 | |

续表

| 序号 | 商品名称 | 类型符号 | 最大工作温度 | 应用规定 | 绝缘 | 绝缘厚度 | | | 护套1 |
|---|---|---|---|---|---|---|---|---|---|
| | | | | | | AWG | mm | mil | |
| 24 | 改性乙烯-四氟乙烯 | ZW | 75℃(167℉) | 潮湿场所 | 改性乙烯-四氟乙烯 | 14～10 | 0.76 | 30 | 无 |
| | | | 90℃(194℉) | 干燥和阴湿场所 | | | | | |
| | | | 150℃(302℉) | 干燥场所-特殊应用2 | | 8～2 | 1.14 | 45 | |
| | | ZW-2 | 90℃(194℉) | 干燥及潮湿场所 | | | | | |

注：1. 表中"护套1"表示绝缘层外面的护套。

2. "护套1"一列中标注"无"的表示这些导线不需要护套。

3. "应用规定"一列中，应用场所后面的数字2表示该场所导线的设计工作温度超过90℃（194℉）。

**6. 导线电缆安全载流量**

在环境温度为 30℃ （86℉），额定电压为 0～2000V，导线温度为 60～90℃ （140～194℉） 的条件下，当导管、电缆或直埋不超过三条载流导线时，绝缘导线载流量见表 2.11。

表 2.11                     多绝缘导线载流量（环境温度 30℃）

| 序号 | 铜 | | | | 铝或铜包铝 | | | |
|---|---|---|---|---|---|---|---|---|
| | 60℃(140℉) | 75℃(167℉) | 90℃（194℉） | AWG | 60℃(140℉) | 75℃(167℉) | 90℃（194℉） | AWG |
| | TW、UF型 | RHW、THHW、THW、THWN、XHHW、USE、ZW型 | TBS、SA、SIS、FEP、FEPB、MI、RHH、RHW-2、THHN、THHW、THW-2、THWN-2、USE-2、XHH、XHHW、XHHW-2、ZW-2型 | | TW、UF型 | RHW、THHW、THW、THWN、XHHW、USE型 | TBS、SA、SIS、THHN、THHW、THW-2、THWN-2、RHH、RHW-2、USE-2、XHH、XHHW、XHHW-2、ZW-2型 | |
| 1 | — | — | 14 | 18 | — | — | — | — |
| 2 | — | — | 18 | 16 | — | — | — | — |
| 3 | 20 | 20 | 25 | 14 | — | — | — | — |
| 4 | 25 | 25 | 30 | 12 | 20 | 20 | 25 | 12 |

续表

| 序号 | 铜 | | | AWG | 铝或铜包铝 | | | AWG |
|---|---|---|---|---|---|---|---|---|
| | 60℃（140℉） | 75℃（167℉） | 90℃（194℉） | | 60℃（140℉） | 75℃（167℉） | 90℃（194℉） | |
| | TW、UF型 | RHW、THHW、THW、THWN、XHHW、USE、ZW型 | TBS、SA、SIS、FEP、FEPB、MI、RHH、RHW-2、THHN、THHW、THW-2、THWN-2、USE-2、XHH、XHHW、XHHW-2、ZW-2型 | | TW、UF型 | RHW、THHW、THW、THWN、XHHW、USE型 | TBS、SA、SIS、THHN、THHW、THW-2、THWN-2、RHH、RHW-2、USE-2、XHH、XHHW、XHHW-2、ZW-2型 | |
| 5 | 30 | 35 | 40 | 10 | 25 | 30 | 35 | 10 |
| 6 | 40 | 50 | 55 | 8 | 30 | 40 | 45 | 8 |
| 7 | 55 | 65 | 75 | 6 | 40 | 50 | 60 | 6 |
| 8 | 70 | 85 | 95 | 4 | 55 | 65 | 75 | 4 |
| 9 | 85 | 100 | 110 | 3 | 65 | 75 | 85 | 3 |
| 10 | 95 | 115 | 130 | 2 | 75 | 90 | 100 | 2 |
| 11 | 110 | 130 | 150 | 1 | 85 | 100 | 115 | 1 |
| 12 | 125 | 150 | 170 | 1/0 | 100 | 120 | 135 | 1/0 |
| 13 | 145 | 175 | 195 | 2/0 | 115 | 135 | 150 | 2/0 |
| 14 | 165 | 200 | 225 | 3/0 | 130 | 155 | 175 | 3/0 |
| 15 | 195 | 230 | 260 | 4/0 | 150 | 180 | 205 | 4/0 |
| 16 | 215 | 255 | 290 | 250 | 170 | 205 | 230 | 250 |
| 17 | 240 | 285 | 320 | 300 | 190 | 230 | 255 | 300 |
| 18 | 260 | 310 | 350 | 350 | 210 | 250 | 280 | 350 |
| 19 | 280 | 335 | 380 | 400 | 225 | 270 | 305 | 400 |
| 20 | 320 | 380 | 430 | 500 | 260 | 310 | 350 | 500 |
| 21 | 355 | 420 | 475 | 600 | 285 | 340 | 385 | 600 |
| 22 | 385 | 460 | 520 | 700 | 310 | 375 | 420 | 700 |
| 23 | 400 | 475 | 535 | 750 | 320 | 385 | 435 | 750 |
| 24 | 410 | 490 | 555 | 800 | 330 | 395 | 450 | 800 |
| 25 | 435 | 520 | 585 | 900 | 355 | 425 | 480 | 900 |

续表

| 序号 | 铜 | | | | 铝或铜包铝 | | | |
| --- | --- | --- | --- | --- | --- | --- | --- | --- |
| | 60℃（140℉） | 75℃（167℉） | 90℃（194℉） | | 60℃（140℉） | 75℃（167℉） | 90℃（194℉） | |
| | TW、UF型 | RHW、THHW、THW、THWN、XHHW、USE、ZW型 | TBS、SA、SIS、FEP、FEPB、MI、RHH、RHW-2、THHN、THHW、THW-2、THWN-2、USE-2、XHH、XHHW、XHHW-2、ZW-2型 | AWG | TW、UF型 | RHW、THHW、THW、THWN、XHHW、USE型 | TBS、SA、SIS、THHN、THHW、THW-2、THWN-2、RHH、RHW-2、USE-2、XHH、XHHW、XHHW-2、ZW-2型 | AWG |
| 26 | 455 | 545 | 615 | 1000 | 375 | 445 | 500 | 1000 |
| 27 | 495 | 590 | 665 | 1250 | 405 | 485 | 545 | 1250 |
| 28 | 520 | 625 | 705 | 1500 | 435 | 520 | 585 | 1500 |
| 29 | 545 | 650 | 735 | 1750 | 455 | 545 | 615 | 1750 |
| 30 | 560 | 665 | 750 | 2000 | 470 | 560 | 630 | 2000 |

当环境温度发生变化时［环境温度非30℃（86℉）］，导线的安全载流量也会受到影响，此时需要将表2.11所列载流量乘以一个校正系数。不同温度下的校正系数见表2.12。

表2.12　　　　　　　　　　表2.11的温度校正系数

| 序号 | 环境温度/℃ | 铜 | | | 铝或铜包铝 | | | 环境温度/℉ |
| --- | --- | --- | --- | --- | --- | --- | --- | --- |
| | | 60℃（140℉） | 75℃（167℉） | 90℃（194℉） | 60℃（140℉） | 75℃（167℉） | 90℃（194℉） | |
| | | TW、UF型 | RHW、THHW、THW、THWN、XHHW、USE、ZW型 | TBS、SA、SIS、FEP、FEPB、MI、RHH、RHW-2、THHN、THHW、THW-2、THWN-2、USE-2、XHH、XHHW、XHHW-2、ZW-2型 | TW、UF型 | RHW、THHW、THW、THWN、XHHW、USE型 | TBS、SA、SIS、THHN、THHW、THW-2、THWN-2、RHH、RHW-2、USE-2、XHH、XHHW、XHHW-2、ZW-2型 | |
| 1 | 21～25 | 1.08 | 1.05 | 1.04 | 1.08 | 1.05 | 1.04 | 70～77 |
| 2 | 26～30 | 1.00 | 1.00 | 1.00 | 1.00 | 1.00 | 1.00 | 78～86 |
| 3 | 31～35 | 0.91 | 0.94 | 0.96 | 0.91 | 0.94 | 0.96 | 87～95 |

续表

| 序号 | 环境温度/℃ | 铜 | | | 铝或铜包铝 | | | 环境温度/℉ |
|---|---|---|---|---|---|---|---|---|
| | | 60℃ (140℉) | 75℃ (167℉) | 90℃ (194℉) | 60℃ (140℉) | 75℃ (167℉) | 90℃ (194℉) | |
| | | TW、UF 型 | RHW、THHW、THW、THWN、XHHW、USE、ZW 型 | TBS、SA、SIS、FEP、FEPB、MI、RHH、RHW-2、THHN、THHW、THW-2、THWN-2、USE-2、XHH、XHHW、XHHW-2、ZW-2 型 | TW、UF 型 | RHW、THHW、THW、THWN、XHHW、USE 型 | TBS、SA、SIS、THHN、THHW、THW-2、THWN-2、RHH、RHW-2、USE-2、XHH、XHHW、XHHW-2、ZW-2 型 | |
| 4 | 36～40 | 0.82 | 0.88 | 0.91 | 0.82 | 0.88 | 0.91 | 96～104 |
| 5 | 41～45 | 0.71 | 0.82 | 0.87 | 0.71 | 0.82 | 0.87 | 105～113 |
| 6 | 46～50 | 0.58 | 0.75 | 0.82 | 0.58 | 0.75 | 0.82 | 114～122 |
| 7 | 51～55 | 0.41 | 0.67 | 0.76 | 0.41 | 0.67 | 0.76 | 123～131 |
| 8 | 56～60 | — | 0.58 | 0.71 | — | 0.58 | 0.71 | 132～140 |
| 9 | 61～70 | — | 0.33 | 0.58 | — | 0.33 | 0.58 | 141～158 |
| 10 | 71～80 | — | — | 0.41 | — | — | 0.41 | 159～176 |

在环境温度为 30℃（86℉），额定电压为 0～2000V，导线温度为 60～90℃（140～194℉）的条件下，单根绝缘导线载流量见表 2.13。

表 2.13　　　　　　　　单根绝缘导线载流量（环境温度 30℃）

| 序号 | 铜 | | | | 铝或铜包铝 | | | |
|---|---|---|---|---|---|---|---|---|
| | 60℃ (140℉) | 75℃ (167℉) | 90℃ (194℉) | | 60℃ (140℉) | 75℃ (167℉) | 90℃ (194℉) | |
| | TW、UF 型 | RHW、THHW、THW、THWN、XHHW、ZW 型 | TBS、SA、SIS、FEP、FEPB、MI、RHH、RHW-2、THHN、THHW、THW-2、THWN-2、XHH、XHHW、XHHW-2、ZW-2 型 | AWG | TW、UF 型 | RHW、THHW、THW、THWN、XHHW 型 | TBS、SA、SIS、THHN、THHW、THW-2、THWN-2、RHH、RHW-2、XHH、XHHW、XHHW-2、ZW-2 型 | AWG |
| 1 | — | — | 18 | 18 | — | — | — | — |
| 2 | — | — | 24 | 16 | — | — | — | |

续表

| 序号 | 铜 | | | | 铝或铜包铝 | | | |
|---|---|---|---|---|---|---|---|---|
| | 60℃ (140℉) | 75℃ (167℉) | 90℃ (194℉) | AWG | 60℃ (140℉) | 75℃ (167℉) | 90℃ (194℉) | AWG |
| | TW、UF 型 | RHW、THHW、THW、THWN、XHHW、ZW 型 | TBS、SA、SIS、FEP、FEPB、MI、RHH、RHW-2、THHN、THHW、THW-2、THWN-2、XHH、XHHW、XHHW-2、ZW-2型 | | TW、UF 型 | RHW、THHW、THW、THWN、XHHW 型 | TBS、SA、SIS、THHN、THHW、THW-2、THWN-2、RHH、RHW-2、XHH、XHHW、XHHW-2、ZW-2 型 | |
| 3 | 25 | 30 | 35 | 14 | — | — | — | — |
| 4 | 30 | 35 | 40 | 12 | 25 | 30 | 35 | 12 |
| 5 | 40 | 50 | 55 | 10 | 35 | 40 | 40 | 10 |
| 6 | 60 | 70 | 80 | 8 | 45 | 55 | 60 | 8 |
| 7 | 80 | 95 | 105 | 6 | 60 | 75 | 80 | 6 |
| 8 | 105 | 125 | 140 | 4 | 80 | 100 | 110 | 4 |
| 9 | 120 | 145 | 165 | 3 | 95 | 115 | 130 | 3 |
| 10 | 140 | 170 | 190 | 2 | 110 | 135 | 150 | 2 |
| 11 | 165 | 195 | 220 | 1 | 130 | 155 | 175 | 1 |
| 12 | 195 | 230 | 260 | 1/0 | 150 | 180 | 205 | 1/0 |
| 13 | 225 | 265 | 300 | 2/0 | 175 | 210 | 235 | 2/0 |
| 14 | 260 | 310 | 350 | 3/0 | 200 | 240 | 275 | 3/0 |
| 15 | 300 | 360 | 405 | 4/0 | 235 | 280 | 315 | 4/0 |
| 16 | 340 | 405 | 455 | 250 | 265 | 315 | 355 | 250 |
| 17 | 375 | 445 | 505 | 300 | 290 | 350 | 395 | 300 |
| 18 | 420 | 505 | 570 | 350 | 330 | 395 | 445 | 350 |
| 19 | 455 | 545 | 615 | 400 | 355 | 425 | 480 | 400 |
| 20 | 515 | 620 | 700 | 500 | 405 | 485 | 545 | 500 |
| 21 | 575 | 690 | 780 | 600 | 455 | 540 | 615 | 600 |
| 22 | 630 | 755 | 855 | 700 | 500 | 595 | 675 | 700 |
| 23 | 655 | 785 | 885 | 750 | 515 | 620 | 700 | 750 |
| 24 | 680 | 815 | 920 | 800 | 535 | 645 | 725 | 800 |
| 25 | 730 | 870 | 985 | 900 | 580 | 700 | 785 | 900 |

续表

| 序号 | 铜 | | | | 铝或铜包铝 | | | |
|---|---|---|---|---|---|---|---|---|
| | 60℃ (140℉) | 75℃ (167℉) | 90℃ (194℉) | | 60℃ (140℉) | 75℃ (167℉) | 90℃ (194℉) | |
| | TW、UF 型 | RHW、THHW、THW、THWN、XHHW、ZW 型 | TBS、SA、SIS、FEP、FEPB、MI、RHH、RHW-2、THHN、THHW、THW-2、THWN-2、XHH、XHHW、XHHW-2、ZW-2 型 | AWG | TW、UF 型 | RHW、THHW、THW、THWN、XHHW 型 | TBS、SA、SIS、THHN、THHW、THW-2、THWN-2、RHH、RHW-2、XHH、XHHW、XHHW-2、ZW-2 型 | AWG |
| 26 | 780 | 935 | 1055 | 1000 | 625 | 750 | 845 | 1000 |
| 27 | 890 | 1065 | 1200 | 1250 | 710 | 855 | 960 | 1250 |
| 28 | 980 | 1175 | 1325 | 1500 | 795 | 950 | 1075 | 1500 |
| 29 | 1070 | 1280 | 1445 | 1750 | 875 | 1050 | 1185 | 1750 |
| 30 | 1155 | 1385 | 1560 | 2000 | 960 | 1150 | 1335 | 2000 |

当环境温度发生变化时［环境温度非 30℃（86℉）］，导线的安全载流量也会受到影响，此时需要将表 2.13 所列载流量乘以一个校正系数。不同温度下的校正系数见表 2.14。

表 2.14　　　　　　　　　　　　表 2.13 的温度校正系数

| 序号 | 环境温度/℃ | 铜 | | | 铝或铜包铝 | | | 环境温度/℉ |
|---|---|---|---|---|---|---|---|---|
| | | 60℃ (140℉) | 75℃ (167℉) | 90℃ (194℉) | 60℃ (140℉) | 75℃ (167℉) | 90℃ (194℉) | |
| | | TW、UF 型 | RHW、THHW、THW、THWN、XHHW、ZW 型 | TBS、SA、SIS、FEP、FEPB、MI、RHH、RHW-2、THHN、THHW、THW-2、THWN-2、XHH、XHHW、XHHW-2、ZW-2 型 | TW、UF 型 | RHW、THHW、THW、THWN、XHHW 型 | TBS、SA、SIS、THHN、THHW、THW-2、THWN-2、RHH、RHW-2、XHH、XHHW、XHHW-2、ZW-2 型 | |
| 1 | 21～25 | 1.08 | 1.05 | 1.04 | 1.08 | 1.05 | 1.04 | 70～77 |
| 2 | 26～30 | 1.00 | 1.00 | 1.00 | 1.00 | 1.00 | 1.00 | 78～86 |

续表

| 序号 | 环境温度/℃ | 铜 | | | 铝或铜包铝 | | | 环境温度/℉ |
|---|---|---|---|---|---|---|---|---|
| | | 60℃ (140℉) | 75℃ (167℉) | 90℃ (194℉) | 60℃ (140℉) | 75℃ (167℉) | 90℃ (194℉) | |
| | | TW、UF 型 | RHW、THHW、THW、THWN、XHHW、ZW 型 | TBS、SA、SIS、FEP、FEPB、MI、RHH、RHW-2、THHN、THHW、THW-2、THWN-2、XHH、XHHW、XHHW-2、ZW-2 型 | TW、UF 型 | RHW、THHW、THW、THWN、XHHW 型 | TBS、SA、SIS、THHN、THHW、THW-2、THWN-2、RHH、RHW-2、XHH、XHHW、XHHW-2、ZW-2 型 | |
| 3 | 31~35 | 0.91 | 0.94 | 0.96 | 0.91 | 0.94 | 0.96 | 87~95 |
| 4 | 36~40 | 0.82 | 0.88 | 0.91 | 0.82 | 0.88 | 0.91 | 96~104 |
| 5 | 41~45 | 0.71 | 0.82 | 0.87 | 0.71 | 0.82 | 0.87 | 105~113 |
| 6 | 46~50 | 0.58 | 0.75 | 0.82 | 0.58 | 0.75 | 0.82 | 114~122 |
| 7 | 51~55 | 0.41 | 0.67 | 0.76 | 0.41 | 0.67 | 0.76 | 123~131 |
| 8 | 56~60 | — | 0.58 | 0.71 | — | 0.58 | 0.71 | 132~140 |
| 9 | 61~70 | — | 0.33 | 0.58 | — | 0.33 | 0.58 | 141~158 |
| 10 | 71~80 | — | — | 0.41 | — | — | 0.41 | 159~176 |

在环境温度为 40℃ （104℉），额定电压为 0~2000V，导线温度为 150~250℃ （302~482℉）的条件下，当导管、电缆不超过 3 条载流导线时，绝缘导线载流量见表 2.15。

表 2.15　　　　　　　　多绝缘导线载流量（环境温度 40℃）

| 序号 | 铜 | | 镍或镍镀铜 | 铝或铜包铝 | AWG |
|---|---|---|---|---|---|
| | 150℃ (302℉) | 200℃ (392℉) | 250℃ (482℉) | 150℃ (302℉) | |
| | Z 型 | FEP、FEPB、PFA、SA 型 | PFAH、TFE 型 | Z 型 | |
| 1 | 34 | 36 | 39 | — | 14 |
| 2 | 43 | 45 | 54 | 30 | 12 |
| 3 | 55 | 60 | 73 | 44 | 10 |
| 4 | 76 | 83 | 93 | 57 | 8 |

续表

| 序号 | 铜 | | 镍或镍镀铜 | 铝或铜包铝 | AWG |
| --- | --- | --- | --- | --- | --- |
| | 150℃（302℉） | 200℃（392℉） | 250℃（482℉） | 150℃（302℉） | |
| | Z 型 | FEP、FEPB、PFA、SA 型 | PFAH、TFE 型 | Z 型 | |
| 5 | 96 | 110 | 117 | 75 | 6 |
| 6 | 120 | 125 | 148 | 94 | 4 |
| 7 | 143 | 152 | 166 | 109 | 3 |
| 8 | 160 | 171 | 191 | 124 | 2 |
| 9 | 186 | 197 | 215 | 145 | 1 |
| 10 | 215 | 229 | 244 | 169 | 1/0 |
| 11 | 251 | 260 | 273 | 198 | 2/0 |
| 12 | 288 | 297 | 308 | 227 | 3/0 |
| 13 | 332 | 346 | 361 | 260 | 4/0 |

当环境温度发生变化时［环境温度非 40℃（140℉）］，导线的安全载流量也会受到影响，此时需要将表 2.15 所列载流量乘以一个校正系数。不同温度下的校正系数见表 2.16。

表 2.16　　　　　　　　　　表 2.15 的温度校正系数

| 序号 | 环境温度/℃ | 铜 | | 镍或镍镀铜 | 铝或铜包铝 | 环境温度/℉ |
| --- | --- | --- | --- | --- | --- | --- |
| | | 150℃（302℉） | 200℃（392℉） | 250℃（482℉） | 150℃（302℉） | |
| | | Z 型 | FEP、FEPB、PFA、SA 型 | PFAH、TFE 型 | Z 型 | |
| 1 | 41～50 | 0.95 | 0.97 | 0.98 | 0.95 | 105～122 |
| 2 | 51～60 | 0.90 | 0.94 | 0.95 | 0.90 | 123～140 |
| 3 | 61～70 | 0.85 | 0.90 | 0.93 | 0.85 | 141～158 |
| 4 | 71～80 | 0.80 | 0.87 | 0.90 | 0.80 | 159～176 |
| 5 | 81～90 | 0.74 | 0.83 | 0.87 | 0.74 | 177～194 |
| 6 | 91～100 | 0.67 | 0.79 | 0.85 | 0.67 | 195～212 |
| 7 | 101～120 | 0.52 | 0.71 | 0.79 | 0.52 | 213～248 |
| 8 | 121～140 | 0.30 | 0.61 | 0.72 | 0.30 | 249～284 |

| 序号 | 环境温度/℃ | 铜 | | 镍或镍镀铜 | 铝或铜包铝 | 环境温度/℉ |
| --- | --- | --- | --- | --- | --- | --- |
| | | 150℃(302℉) | 200℃(392℉) | 250℃(482℉) | 150℃(302℉) | |
| | | Z 型 | FEP、FEPB、PFA、SA 型 | PFAH、TFE 型 | Z 型 | |
| 9 | 141～160 | — | 0.50 | 0.65 | — | 285～320 |
| 10 | 161～180 | — | 0.35 | 0.58 | — | 321～356 |
| 11 | 181～200 | — | — | 0.49 | — | 357～392 |
| 12 | 201～225 | — | — | 0.35 | — | 393～437 |

在环境温度为 40℃ （104℉），额定电压为 0～2000V，导线温度为 150～250℃（302～482℉）的条件下，开放空气中单根绝缘导线载流量见表 2.17。

表 2.17　　　　　　　　　　单根绝缘导线载流量（环境温度 40℃）

| 序号 | 铜 | | 镍或镍镀铜 | 铝或铜包铝 | AWG |
| --- | --- | --- | --- | --- | --- |
| | 150℃(302℉) | 200℃(392℉) | 250℃(482℉) | 150℃(302℉) | |
| | Z 型 | FEP、FEPB、PFA、SA 型 | PFAH、TFE 型 | Z 型 | |
| 1 | 46 | 54 | 59 | — | 14 |
| 2 | 60 | 68 | 78 | 47 | 12 |
| 3 | 80 | 90 | 107 | 63 | 10 |
| 4 | 106 | 124 | 142 | 83 | 8 |
| 5 | 155 | 165 | 205 | 112 | 6 |
| 6 | 190 | 220 | 278 | 148 | 4 |
| 7 | 214 | 252 | 327 | 170 | 3 |
| 8 | 255 | 293 | 381 | 198 | 2 |
| 9 | 293 | 344 | 440 | 228 | 1 |
| 10 | 339 | 399 | 532 | 263 | 1/0 |
| 11 | 390 | 467 | 591 | 305 | 2/0 |
| 12 | 451 | 546 | 708 | 351 | 3/0 |
| 13 | 529 | 629 | 830 | 411 | 4/0 |

当环境温度发生变化时 ［环境温度非 40℃ （140℉）］，导线的安全载流量也会受到影响，此时要将表 2.17 所列载流量乘以一个校正系数。不同温度下的校正系数见

表 2.18。

表 2.18　　　　　　　　　　表 2.17 的温度校正系数

| 序号 | 环境温度/℃ | 铜 | | 镍或镍镀铜 | 铝或铜包铝 | 环境温度/℉ |
|---|---|---|---|---|---|---|
| | | 150℃（302℉） | 200℃（392℉） | 250℃（482℉） | 150℃（302℉） | |
| | | Z 型 | FEP、FEPB、PFA、SA 型 | PFAH、TFE 型 | Z 型 | |
| 1 | 41～50 | 0.95 | 0.97 | 0.98 | 0.95 | 105～122 |
| 2 | 51～60 | 0.90 | 0.94 | 0.95 | 0.90 | 123～140 |
| 3 | 61～70 | 0.85 | 0.90 | 0.93 | 0.85 | 141～158 |
| 4 | 71～80 | 0.80 | 0.87 | 0.90 | 0.80 | 159～176 |
| 5 | 81～90 | 0.74 | 0.83 | 0.87 | 0.74 | 177～194 |
| 6 | 91～100 | 0.67 | 0.79 | 0.85 | 0.67 | 195～212 |
| 7 | 101～120 | 0.52 | 0.71 | 0.79 | 0.52 | 213～248 |
| 8 | 121～140 | 0.30 | 0.61 | 0.72 | 0.30 | 249～284 |
| 9 | 141～160 | — | 0.50 | 0.65 | — | 285～320 |
| 10 | 161～180 | — | 0.35 | 0.58 | — | 321～356 |
| 11 | 181～200 | — | — | 0.49 | — | 357～392 |
| 12 | 201～225 | — | — | 0.35 | — | 393～437 |

在环境温度为 40℃（104℉），额定电压为 0～2000V，导线温度为 75～90℃（167～194℉）的条件下，承力索支撑的 3 条以下绝缘导线载流量见表 2.19。

表 2.19　　　　　　　　多绝缘导线载流量（环境温度 40℃）

| 序号 | 铜 | | 铝或铜包铝 | | AWG |
|---|---|---|---|---|---|
| | 75℃（167℉） | 90℃（194℉） | 75℃（167℉） | 90℃（194℉） | |
| | RHW、THHW、THW、THWN、XHHW、ZW 型 | MI、THHN、THHW、THW-2、THWN-2、RHH、RHW-2、USE-2、XHHW、XHHW-2、ZW-2 型 | RHW、THHW、THW、THWN、XHHW 型 | THHN、THHW、RHH、XHHW、RHW-2、XHHW-2、THW-2、THWN-2、USE-2、ZW-2 型 | |
| 1 | 57 | 66 | 44 | 51 | 8 |
| 2 | 76 | 89 | 59 | 69 | 6 |

续表

| 序号 | 铜 | | 铝或铜包铝 | | AWG |
| --- | --- | --- | --- | --- | --- |
| | 75℃<br>(167℉) | 90℃<br>(194℉) | 75℃<br>(167℉) | 90℃<br>(194℉) | |
| | RHW、THHW、<br>THW、THWN、<br>XHHW、ZW 型 | MI、THHN、<br>THHW、THW－2、<br>THWN－2、<br>RHH、RHW－2、<br>USE－2、XHHW、<br>XHHW－2、<br>ZW－2 型 | RHW、THHW、<br>THW、THWN、<br>XHHW 型 | THHN、THHW、<br>RHH、XHHW、<br>RHW－2、<br>XHHW－2、<br>THW－2、<br>THWN－2、<br>USE－2、<br>ZW－2 型 | |
| 3 | 101 | 117 | 78 | 91 | 4 |
| 4 | 118 | 138 | 92 | 107 | 3 |
| 5 | 135 | 158 | 106 | 123 | 2 |
| 6 | 158 | 185 | 123 | 144 | 1 |
| 7 | 183 | 214 | 143 | 167 | 1/0 |
| 8 | 212 | 247 | 165 | 193 | 2/0 |
| 9 | 245 | 287 | 192 | 224 | 3/0 |
| 10 | 287 | 335 | 224 | 262 | 4/0 |
| 11 | 320 | 374 | 251 | 292 | 250 |
| 12 | 359 | 419 | 282 | 328 | 300 |
| 13 | 397 | 464 | 312 | 364 | 350 |
| 14 | 430 | 503 | 339 | 395 | 400 |
| 15 | 496 | 580 | 392 | 458 | 500 |
| 16 | 553 | 647 | 440 | 514 | 600 |
| 17 | 610 | 714 | 488 | 570 | 700 |
| 18 | 638 | 747 | 512 | 598 | 750 |
| 19 | 660 | 773 | 532 | 622 | 800 |
| 20 | 704 | 826 | 572 | 669 | 900 |
| 21 | 748 | 879 | 612 | 716 | 1000 |

当环境温度发生变化时［环境温度非 40℃（104℉）］，导线的安全载流量也会受到影响，此时要将表 2.19 所列载流量乘以一个校正系数。不同温度下的校正系数见表 2.20。

表 2.20　　　　　　　　　　　表 2.19 的温度校正系数

| 序号 | 环境温度/℃ | 铜 | | 铝或铜包铝 | | 环境温度/℉ |
|---|---|---|---|---|---|---|
| | | 75℃ (167℉) | 90℃ (194℉) | 75℃ (167℉) | 90℃ (194℉) | |
| | | RHW、THHW、THW、THWN、XHHW、ZW 型 | MI、THHN、THHW、THW-2、THWN-2、RHH、RHW-2、USE-2、XHHW、XHHW-2、ZW-2 型 | RHW、THHW、THW、THWN、XHHW 型 | THHN、THHW、RHH、XHHW、RHW-2、XHHW-2、THW-2、THWN-2、USE-2、ZW-2 型 | |
| 1 | 21～25 | 1.20 | 1.14 | 1.20 | 1.14 | 70～77 |
| 2 | 26～30 | 1.13 | 1.10 | 1.13 | 1.10 | 78～86 |
| 3 | 31～35 | 1.07 | 1.05 | 1.07 | 1.05 | 87～95 |
| 4 | 36～40 | 1.00 | 1.00 | 1.00 | 1.00 | 96～104 |
| 5 | 41～45 | 0.93 | 0.95 | 0.93 | 0.95 | 105～113 |
| 6 | 46～50 | 0.85 | 0.89 | 0.85 | 0.89 | 114～122 |
| 7 | 51～55 | 0.76 | 0.84 | 0.76 | 0.84 | 123～131 |
| 8 | 56～60 | 0.65 | 0.77 | 0.65 | 0.77 | 132～140 |
| 9 | 61～70 | 0.38 | 0.63 | 0.38 | 0.63 | 141～158 |
| 10 | 71～80 | — | 0.45 | — | 0.45 | 159～176 |

在环境温度为 40℃（104℉），额定电压为 0～2000V，导线温度为 80℃（176℉）的条件下，环境风速为 610mm/s 的开放空气中裸线或包皮导线载流量见表 2.21。

表 2.21　　　　　　裸线或包皮导线的载流量（环境温度 40℃，风中）

| 序号 | 铜导线 | | | 全铝导线 | | |
|---|---|---|---|---|---|---|
| | AWG | 裸导线 A | 包皮导线 A | AWG | 裸导线 A | 包皮导线 A |
| 1 | 8 | 98 | 103 | 8 | 76 | 80 |
| 2 | 6 | 124 | 130 | 6 | 96 | 101 |
| 3 | 4 | 155 | 163 | 4 | 121 | 127 |
| 4 | 2 | 209 | 219 | 2 | 163 | 171 |
| 5 | 1/0 | 282 | 297 | 1/0 | 220 | 231 |
| 6 | 2/0 | 329 | 344 | 2/0 | 255 | 268 |

续表

| 序号 | 铜导线 | | | 全铝导线 | | |
|---|---|---|---|---|---|---|
| | AWG | 裸导线 | 包皮导线 | AWG | 裸导线 | 包皮导线 |
| | | A | A | | A | A |
| 7 | 3/0 | 382 | 401 | 3/0 | 297 | 312 |
| 8 | 4/0 | 444 | 466 | 4/0 | 346 | 364 |
| 9 | 250 | 494 | 519 | 266.8 | 403 | 423 |
| 10 | 300 | 556 | 584 | 336.4 | 468 | 492 |
| 11 | 500 | 773 | 812 | 397.5 | 522 | 548 |
| 12 | 750 | 1000 | 1050 | 477 | 588 | 617 |
| 13 | 1000 | 1193 | 1253 | 556.5 | 650 | 682 |
| 14 | — | — | — | 636 | 709 | 744 |
| 15 | — | — | — | 795 | 819 | 860 |
| 16 | — | — | — | 954 | 920 | — |
| 17 | — | — | — | 1033.5 | 968 | 1017 |
| 18 | — | — | — | 1272 | 1103 | 1201 |
| 19 | — | — | — | 1590 | 1267 | 1381 |
| 20 | — | — | — | 2000 | 1454 | 1527 |

## 2.5.2 导线类型选择

**1. 引入 UL 的概念**

美标线缆上有一串英文字母，有时后面还有后缀数字。这种电缆标识和我国电缆标识方式不同，我国电线、电缆产品型号是用汉语拼音的缩写和阿拉伯数字表示，而美国线缆上的英文字母为 UL（Underwriter Laboratories Incorprated，保险商试验所）认证标识，认识并了解 UL 标识对于采购供货美标线缆有着重要的意义。

**2. UL 的定义**

UL 标志是美国以及北美地区公认的安全认证标志，贴有这种标志就等于获得了安全质量信誉卡，其信誉程度已被广大消费者所接受。因此，UL 标志已成为有关产品（特别是机电产品）进入美国以及北美市场的一个特别的通行证。

**3. UL 标识的分类**

（1）列名产品。列名产品标志以 UL 授权的多种形式出现，列名标志的内容由 UL 的名称或符号、单词"Listed"、产品名称或目录名称以及由 UL 给定的控制号码四部分组成。一般情况下，UL 列名产品标志位于产品表面，对于电线、电缆产品，完整的标志是贴在线卷标签上或最小包装物上，示例如图 2.29 所示。

（2）分类产品。UL 根据产品的技术规范要求，可对产品提供分类服务，或对产品的某些性能提供评估服务，如产品特性、寿命或特性的适用范围、一定用途下产品的合适性、其他条件。分类标志可以以 UL 授权的多种形式出现。分类标志由 UL 的名称、表示 UL 对产品评估的范围陈述和一个控制号码组成，示例如图 2.30。

（PRODUCT IDENTITY）
CLASSIFIED BY
Underwriters Laboratories Inc. ®
IN ACCORDANCE WITH
（SPECIFICATION OR REQUIREMENT）
（Control Number）

图 2.29　列名产品标识　　　　　　　　图 2.30　分类产品标识

一般情况下，带有列名标志的产品往往符合相应 UL 产品标准，而且 UL 根据相应的产品标准做过全性能的评估。而带有分类标志的产品只是某个性能或某个方面符合某一特定的技术规范，说明 UL 仅仅根据特定的技术规范对产品进行评估或服务。

**4. UL 线缆型号基本表示法**

为了用字母表示电线、电缆型号，UL 根据用途、绝缘类型、电缆结构特征以及温度等级等建立了一个编码系统。一般情况下，用英文单词的第一个字母表示用途或电线电缆结构特征，用绝缘或护套材料的英文名称缩写表示绝缘或护套等；另外，有些电线电缆还直接用英文名称每个单词的第一个字母组合而成。

以下面为六大类电线、电缆的型号表示方法。

（1）建筑用电线。型号中字母的含义如下：

A——石棉（可以是玻璃纤维或类似的材料）编织。

R——橡皮绝缘。

S——硅橡胶绝缘（处于型号的第一个字母时）。

X——交联合成聚合物绝缘。

T——热塑性绝缘（处于型号中的第一个字母时）。

FEP——氯乙烯丙烯绝缘。

TFE——热塑性聚四氯乙烯绝缘。

Z——改性四氯乙烯绝缘。

W——耐潮。

H——温度等级 75℃（注意：没有"H"表示 60℃）。

HH——温度等级 90℃。

B——编织。

S——浸渍（处于型号的最后一个字母时）。

N——尼龙护套。

−1、−2、−3——型号中数字后缀表示实际绝缘厚度，它随型号和 AWG 线规尺寸而变化。

型号字母的排列顺序一般为：绝缘类型代号＋温度等级代号＋特殊性能代号＋数字后缀＋护套类型代号。例如：RHH 表示橡皮绝缘，耐温等级为 90℃；XHHW－2 表示交联合成聚合物绝缘，耐温等级 90℃，能耐潮；THWN 表示热塑性绝缘，耐温等级为 75℃，能耐潮，带尼龙护套。

另外，还有根据英文名称缩写而成的电线型号，如 USE 表示用于地下的动力引出线。建筑用电线的主要型号见表 2.22。

表 2.22　　　　　　　　　　　　　建筑用电线的主要型号

| 类型 | 主 要 型 号 |
| --- | --- |
| 橡皮绝缘 | RH、RHH、RHW、RHW－2、SA、SIS、XHH、XHHW、XHHW－3 |
| 热塑性绝缘 | REP、FEPB、TA、TAS、TFF、THHN、THW、THWN、TW、Z、ZW |

（2）建筑用电缆。型号中字母的含义如下：

AC——热固性绝缘铠装电缆。

ACF——热塑性绝缘铠装电缆。

－B——具有 60℃温度等级线芯的最大电流密度为 90℃温度等级。

H——75℃耐温等级（注意：没有"H"表示 60℃）。

HH——温度等级 90℃。

FC——扁电缆。

FCC——扁平导体电缆。

MV——中压电缆。

MC——包有金属护套电缆。

MI——矿物绝缘电缆。

R——表示电缆的燃烧特性符合 UL1666（处于型号的最后一个字母）。

P——表示电缆额燃烧特性符合 UL910（处于型号的最后一个字母）。

型号字母的顺序一般为：电缆名称＋温度等级＋燃烧特性符号。例如：NPLFR 表示非动力防火信号电缆，燃烧特性符合 UL1666。建筑用电缆的主要型号见表 2.23。

表 2.23　　　　　　　　　　　　　建筑用电缆的主要型号

| 类型 | 主 要 型 号 |
| --- | --- |
| 铠装电缆 | AC、ACT、ACH、ACTH、ACT－B、ACHH、ACTHH |
| 扁平电缆 | FC |
| 扁平导体电缆 | FCC |
| 中压电缆 | MV |

| 类型 | 主 要 型 号 |
|---|---|
| 包金属电缆 | MC |
| 矿物绝缘电缆 | MI |
| 非金属护套电缆 | NM－R、NMC－R |
| 非动力防火信号电缆 | NPLF、NPLFR、NPLFP |
| 屏蔽非金属护套电缆 | SNM |

（3）中压电缆。型号中字母的含义如下：

OM——燃烧特性符合 UL1581 中垂直托架燃烧试验的室内一般用通信电缆。

MP——多用途通信电缆。

P（处于型号最后一个字母）——燃烧特性符合 UL910。

R（处于型号最后一个字母）——燃烧特性符合 UL1666。

X（型号最后一个字母）——燃烧特性符合 UL1531 中的 VW－1 试验。

OATV——燃烧特性符合 UL1581 中垂直托架燃烧试验的共用天线电视电缆。

OFC——燃烧特性符合 UL1581 中垂直托架燃烧试验的光纤电缆。

OFN——燃烧特性符合 UL1581 中垂直托架燃烧试验的含有非金属元件和其他非导体材料的光纤光缆。

OL2 或 OL3——燃烧特性符合 UL1581 中垂直托架燃烧试验的建筑物内 2 类或 3 类电路电缆。

FPL——燃烧特性符合 UL1581 中垂直托架燃烧试验的非动力防火信号电缆。

型号字母的顺序一般为：电缆名称＋燃烧特性符号。例如：OATVR 表示燃烧特性符合 UL1666 的建筑物内用共用天线电视电缆。低压电缆的主要型号见表 2.24。

表 2.24　　　　　　　　　　　　低压电缆的主要型号

| 类型 | 主 要 型 号 |
|---|---|
| 通信电缆 | CMX、CM、CMG、CMR、CMP、MP、MPG、MPR、MPP |
| 共用天线电视电缆 | CATV、CATVP、CATVX、CATVR |
| 光纤光缆 | OFC、OFCG、OFCR、OFCP、OFN、OFNG、OFNR、OFNP |
| 动力限制电路电缆 | CL2X、CL2、CL2R、CL2P、CL3X、CL3、CL3R、CL3P、PLTC |
| 动力限制防火信号电缆 | FPL、FPLR、FPLP |

（4）软线。型号中字母的含义如下：

C——棉纱或人造纤维编织。

E——热塑性弹性体绝缘（处于型号最后一个字母）。

E——电梯电缆（处于第一个字母）。

H——加热器用软线（处于第一个字母）。

T——热塑性绝缘（处于型号最后一个字母）。

P——平行线芯软线。

S——苛刻条件下使用的软线。

SJ——次苛刻条件下使用的软线。

O——耐油，单个"O"表示仅仅护套是耐油，两个"O"表示护套和线芯绝缘都耐油。

SRD——电灶和干燥器用软线。

SV——真空吸尘器用软线。

XT、CXT——两芯圣诞树软线。

－1、－2、－3——型号后缀，表示平行软线的绝缘厚度及最薄绝缘厚度。实际绝缘厚度随软线的型号和尺寸而变化。

型号字母的顺序一般为：软线的用途型号字母＋电缆外形特性型号字母＋绝缘型号字母＋特殊性能型号字母。例如：HSJO 表示次苛刻条件下热气器用护套耐油型软线；SPT－2表示苛刻条件下使用的热塑性绝缘平行软线。

软线的主要型号有 E、ET、ETLB、ETP、ETT、EO、HPN、HS、HSJ、HSO、HSJO、S、ST、SE、SEO、SJT、SJEO、SJTO、SJTOO、SP－1、SPT－2、SRD、SRDE、SRDT、SV、SVT、SVEO、SVTOO、SVTO、XT、CXT 等。

（5）安装线。型号中字母的含义如下：

A——石棉绝缘。

K——芳香族聚酰亚胺带绝缘。

P——聚义丙烯绝缘。

G——玻璃丝编织。

PT——聚四氯乙烯绝缘。

R——橡皮绝缘。

S——硅橡胶绝缘。

T——热塑性绝缘。

X——交联合成高聚物绝缘。

F——安装线、导体标准绞合。

FF——安装线、导体软束绞合。

N——尼龙护套。

H——高温绝缘。

HH——较高温绝缘。

－1、－2、－3——后缀，表示绝缘厚度或最薄处厚度，实际绝缘厚度随绝缘类型和 AWG 线规尺寸而变化。

型号字母的排列顺序一般为：绝缘型号字母＋编织层代号＋导体绞合类型代号＋护套代号或温度等级代号。例如：PGFF 表示导体软束绞氟乙丙烯绝缘玻璃丝编织安装线：RFH - 1 表示导体标准绞合高温胶皮绝缘安装线。

安装线的主要型号有：AK、KF - 1、KF - 2、KFF - 1、KFF - 2、PF、PGF、PGFF、PTF、PTFF、RFH - 1、RFH - 2、FFH - 2、SF - 1、SF - 2、SFF - 2、TF、TFF 等。

（6）特种用途的电线电缆。这部分电线、电缆绝大部分没有型号，直接用文字表示，例如 Satellite Antenna Cable 为卫星天线电缆。有时也有用英文字母的缩写表示型号，例如 MTW 即为机床用母线（Machine Tool Wires）。主要特种用途电线、电缆及其型号现列举如下：

船用电缆：Boat Cable。

气体管道信号和点火电缆：GTO 或 GTOLW/后缀。

灌溉电缆：Irrigation Cable。

机床电缆：MTW。

船舶和船厂电缆：Marina and Boat Yard Cable。

手提式动力电缆：W、G。

焊接电缆：Welding Cable。

彩灯电缆：Festooning Cable。

舞台照明软电缆：SC、SCE 和 SCT。

高尔夫球场洒水车电线：Golf Course Sprinkler Wire。

耐热电线：TGT、TGS、TMGT、TAGT、KGS、KGT、TGGT、ITFL。

卫星天线电缆：Satellite Antenna Cable。

泄露同轴电缆：Slotted Coaxial Cable。

地下室束带电缆：Vauit Laeing Cable。

从上面分析可以看出，UL 电线、电缆的型号表示比较复杂。有的型号中可以看出其绝缘材料、结构及其用途，但有些型号则不能看出，因此要根据具体的产品标准或相应的有关手册，查找其所用的绝缘以及其结构等。

**5. 美标电缆标识介绍**

在实际工作及项目中，常用到的导线表面会有相应的标识、标记方式，标识的顺序、标识的间距及标识的具体样式如图 2.31 所示。在要求不严格的情况下，可根据图 2.31 粗略地规划电气回路线径，做初步的电气设计工作。

## 2.5.3　常用导线、导管

**1. AC 电缆**

图 2.32 所示为 AC 电缆（Armored Cable）实物图，在实际工程中的电缆和图示可能会有些差别，只要结构原理和各方面的参数能够满足需求即可。

（1）导线颜色。黑色为火线，白色为零线。

（2）允许使用的方式。

美标电缆标识简介

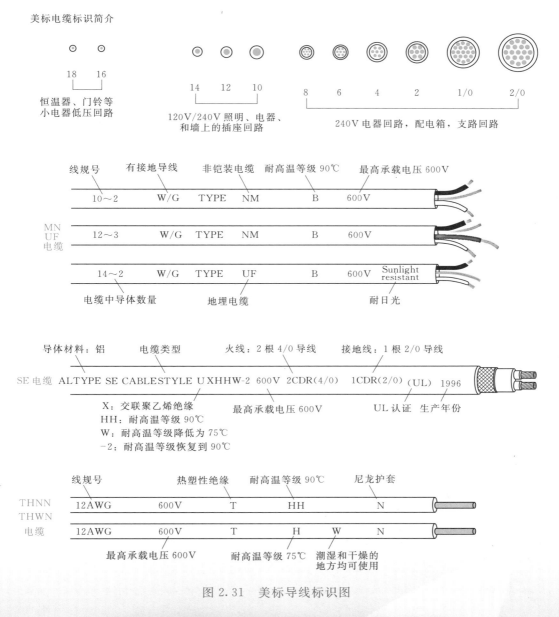

图 2.31 美标导线标识图

图 2.32 AC 电缆

1）明装或暗装的供电线和支路。

2）电缆托架上。

3）干燥场所。

4）埋入砖块或其他砖石建筑的灰泥面层中，但潮湿场所除外。

5）如果墙壁不暴露在过度潮湿气氛下或易受其他影响，应在砖石或瓷砖壁的空隙中布线或用带钩的线牵引。

6）弯曲半径为不小于 5 倍的电缆直径。

7）每 12in 做支撑，在底盒出线长度不用长于 $4\frac{1}{2}$ ft（1.4m）。

8）金属外壳可以用于接地线，但只能在线盒的地方切断。

9）必须穿绝缘管安装敷设。

（3）不允许使用的方式。

1）易遭受物理损坏的场所。

2）潮湿场所。

3）暴露在过度潮湿气氛下或易受其影响的砖石或瓷砖壁的空隙中。

4）暴露在腐蚀性烟气或蒸汽的场所。

5）埋入潮湿场所的砖块或其他砖石建筑的灰泥面层中。

**2. MC 电缆**

图 2.33 所示为 MC 电缆（Metal - clad Cable）实物图，和 AC 电缆相比，其机械强度要好很多。

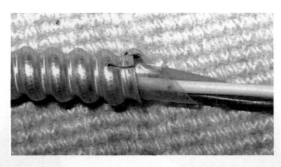

图 2.33 MC 电缆

（1）导线颜色。绿色导线为接地线，黑色为火线，白色为零线。

（2）相关说明。

1）MC 电缆可以嵌入到石膏中，但不可以用于潮湿环境。与 NM 电缆相比，其优点在于 MC 电缆可以防止老鼠咬。MC 电缆的最大的缺点是其安装非常麻烦，需要使用特殊的衬布来防止金属的尖锐边缘切割到电线（如果采用刚性管道，MC 电缆的安装速度比 NM 电缆要快得多）。

2）需要一种特殊的工具切割金属外壳，在电缆的末端需要使用特殊的金属盒以及特殊的接头。

3）除非有特殊要求，尽量避免在住宅中使用 MC 电缆，因为其安装的不便捷且价格昂贵，因此，MC 电缆常用于商业用电。

4）不能用金属外壳作为接地极。

5）在切口处必须有绝缘护套防止金属壳损伤内部导线。

6）最小弯曲半径是外径的 12 倍。

7）每 12in 做支撑，在底盒出线长度不用长于 6ft。

**3. NM 电缆**

图 2.34～图 2.37 所示四种电缆为工程中常用的室内导线，均为 NM 电缆（Non-memallic Sheath Cable），应用范围广泛，且性价比高，是设计、施工人员首先的导线类型。

图 2.34　老式 NM 电缆

图 2.35　UF 电缆

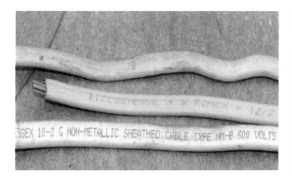

图 2.36　NM 电缆

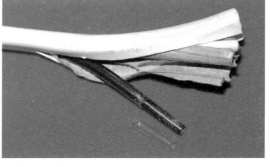

图 2.37　NMB 电缆

自 1965 年至今，NM 型电缆是家庭布线中最常用的电缆，电缆内有两股或多股带独立绝缘层的导线，一根裸铜线作为接地线。NM 电缆有老式 NM、NMC（外壳更耐腐蚀）、NMB（耐高温等级为 90℃）、UF（Underground Feeder，适用于室外潮湿环境）四个基本类型。

NMB 电缆用于室内明装及暗装，暗装时不可直接埋入混凝土及土壤中。NMC 电缆与 NMB 电缆相同，但其外壳具有耐腐蚀性。在水分较多的潮湿环境下应使用 UF 电缆。由于 NMB 电缆耐高温为 90℃，而老式 NM 电缆耐高温为 60℃，随着时代的进步，老式 NM 电缆逐步被 NMB 电缆所替代。NMB 电缆有些类似 THHN 电缆。每 4ft 和 8in 内的非金属出口盒内部无需线夹。室外穿管布线需使用 UF 型电缆，不可使用 NMB 电缆。NMB 电缆不能用于过多水分或潮湿的环境，UF 电缆可行。

NMB 不能嵌入混凝土、砖石、土坯、泥土或灰泥中。

**4. SE 电缆**

图 2.38 及图 2.39 所示的 SE 电缆（Service－entrance Cable）是将电力引入房内总配电箱的主电缆，有 U 型、R 型及 USE 型三种类型，U 型和 R 型用于地上架空或明装，需要电缆地埋敷设时采用 USE 电缆。U 型电缆是扁平的，R 型电缆是圆形的。SE 电缆也可以给一些大功率设备供电，由于标准 SE 电缆只有两根火线和一根接地线，只能提供 240V 电压，如电灶、热泵等设备可以使用 SE 电缆。烘干机、炉具等需要 120V 供电的设备无法使用 SE 电缆供电（四芯电缆中两根为火线提供 240V 电压，一根为中性线馈线提供 120V 电压，一根接地线）。SE 电缆弯曲时不得损坏，弯曲半径至少是电缆半径的 5 倍。

图 2.38　SE 电缆结构图　　　　图 2.39　SE 电缆标识图

**5. EMT 线管**

EMT（Electrical Metallictubing）线管如图 2.40 所示，该线管镀锌无牙，管的表面镀有均匀的高纯热镀锌层，形成一层保护膜，有相当强固的耐腐蚀性能。管的内表面接缝处光滑且有防锈绝缘涂装，不会生锈。EMT 线管是美标穿线管中最轻、壁厚最小的一种，管头均不带螺纹，采用钉式连接，多用于室内装潢电线管道。

图 2.40　EMT 线管

EMT 线管具体参数如下：

（1）参照标准。美标 ANSI、UL797。

（2）尺寸。$\frac{1}{2}$in、$\frac{3}{4}$in、1″、$1\frac{1}{4}$in、$1\frac{1}{2}$in、2in。

（3）长度。10ft、3050mm 或定制长度。

（4）外径。17.93～114.3mm。

（5）原料。Q195/Q235。

EMT 线管在美工程及项目中应用极为广泛，是常用的工程原料，作为设计人员，必须清楚了解 EMT 线管的特性及应用原则。EMT 线管的填充率见表 2.25。

表 2.25                                   EMT 线管的填充率

| 序号 | 公制规格 | 贸易规格 | 标称内径 | | 总面积 100% | | 60% | | 单线 53% | | 双线 31% | | 两根以上线 40% | |
|---|---|---|---|---|---|---|---|---|---|---|---|---|---|---|
| | | | mm | in | mm² | in² | mm² | in² | mm² | in² | mm² | in² | mm² | in² |
| 1 | 16 | $\frac{1}{2}$ | 15.8 | 0.622 | 196 | 0.304 | 118 | 0.182 | 104 | 0.161 | 61 | 0.094 | 78 | 0.122 |
| 2 | 21 | $\frac{3}{4}$ | 20.9 | 0.824 | 343 | 0.533 | 206 | 0.320 | 182 | 0.283 | 106 | 0.165 | 137 | 0.213 |
| 3 | 27 | 1 | 26.6 | 1.049 | 556 | 0.864 | 333 | 0.519 | 295 | 0.458 | 172 | 0.268 | 222 | 0.346 |
| 4 | 35 | $1\frac{1}{4}$ | 35.1 | 1.380 | 968 | 1.496 | 581 | 0.897 | 513 | 0.793 | 300 | 0.464 | 387 | 0.598 |
| 5 | 41 | $1\frac{1}{2}$ | 40.9 | 1.610 | 1314 | 2.036 | 788 | 1.221 | 696 | 1.079 | 407 | 0.631 | 526 | 0.814 |
| 6 | 53 | 2 | 52.5 | 2.067 | 2165 | 3.356 | 1299 | 2.013 | 1147 | 1.778 | 671 | 1.040 | 866 | 1.342 |
| 7 | 63 | $2\frac{1}{2}$ | 69.4 | 2.731 | 3783 | 5.858 | 2270 | 3.515 | 2005 | 3.105 | 1173 | 1.816 | 1513 | 2.343 |
| 8 | 78 | 3 | 85.2 | 3.356 | 5701 | 8.846 | 3421 | 5.307 | 3022 | 4.688 | 1767 | 2.742 | 2280 | 3.538 |
| 9 | 91 | $3\frac{1}{2}$ | 97.4 | 3.834 | 7451 | 11.545 | 4471 | 6.927 | 3949 | 6.119 | 2310 | 3.579 | 2980 | 4.618 |
| 10 | 103 | 4 | 110.1 | 4.334 | 9521 | 14.753 | 5712 | 8.852 | 5046 | 7.819 | 2951 | 4.573 | 3808 | 5.901 |

我国常用的 KBG 钢管和 EMT 线管类似，只是 KBG 钢管采用专用的压钳将套接管与导管压接紧固，而 EMT 线管采用螺丝紧固。

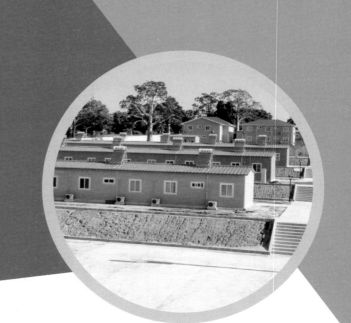

# 第 3 章

# 集成建筑电气设计（美标）

## 3.1 美标建筑电气回路设置

### 3.1.1 回路额定值

美国关于建筑电气回路的设置有很细致的规定，由于美国用电采用分时段计费，且用电方便、稳定、快捷、性价比高，使得美国家庭中电器的数量很多，美国厨房都是采用电灶、电烤箱等烹饪设备，这些设备功率较大，需要单独回路供电，因此，美国电气回路的设置和我国的设置有很大的区别。

依照美标建筑电气设计标准，建筑内支路除一些非专用支路的额定值应为15A、20A、30A、40A和50A这5个额定值外，因任何原因使用载流量更高的导线时，应按指定过电流装置的额定电流或整定值来决定该电路的额定值。电路规格不同时，这个支路所接插座的规格也不相同，表3.1归纳了常用回路、插座的电流额定值，可方便设计人员进行查询。

表 3.1 常用回路、插座的电流额定值

| 序号 | 电路额定值/A | 插座额定值/A | 序号 | 电路额定值/A | 插座额定值/A |
| --- | --- | --- | --- | --- | --- |
| 1 | 15 | ≤15 | 4 | 40 | 40 或 50 |
| 2 | 20 | 15 或 20 | 5 | 50 | 50 |
| 3 | 30 | 30 | | | |

依据 NEC 中关于回路额定电流的规定，非专用支路的额定值应为 15A、20A、30A、40A、50A，因此，18 号、16 号导线只允许使用在低压回路上，120V 以上的导线最小线规为 14 号。那么对应以上各个回路应该使用什么规格线径的导线呢，表 3.2 详细介绍了各个回路的线规号，可以快速查询到相应的数据。

表 3.2　　　　　　　　　　回 路 与 导 线 对 应 表

| 电路额定值/A | 导线（最小规格） | | 过电流保护/A | 出线装置 | | 最大负载/A | 允许负载 |
|---|---|---|---|---|---|---|---|
| | 电路导线 | 分接线 | | 允许的灯座 | 插座额定值/A | | |
| 15 | 14 | 14 | 15 | 任何型 | 最大 15 | 15 | 照明单元；软线、插头连接的未固定设备，额定值不超过支路电流额定值的 80%；就地固定的用电设备，额定值不超过支路电流额定值的 50% |
| 20 | 12 | 14 | 20 | 任何型 | 15 或 20 | 20 | |
| 30 | 10 | 14 | 30 | 大功率 | 30 | 30 | 大功率灯座的固定照明灯具组或任意场所用电设备供电，任何以软线和插头与这个支路连接的设备功率不得超过支路额定值的 50% |
| 40 | 8 | 12 | 40 | 大功率 | 40 | 40 | 固定的烹饪用具供电、大功率照明灯具组、红外线加热设备或其他用电单元 |
| 50 | 6 | 12 | 50 | 大功率 | 50 | 50 | |

## 3.1.2　配电箱回路设置举例

下面以图 3.1 为例讲解美式建筑电气回路的设置原则。图 3.1 所示配电箱回路图中，主断路器额定容量为 200A，配电箱回路数为 40 回，将配电箱分为左、右两部分，左边为 120V 电压回路，右边为 240V 电压回路。

**1. 左侧 120V 电压回路设置**

左侧 120V 电压回路分为厨房、照明、浴室、GFCI 插座四个部分，合计 20 个回路，回路与中性线间电压为 120V，可设置 20 个单独回路。

（1）厨房部分具体回路设置。

1）（20A）洗碗机回路。

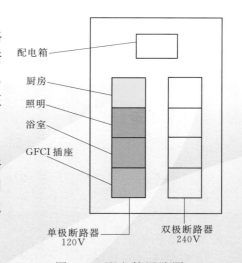

图 3.1　配电箱回路图

2）（20A）垃圾处理机和即热式饮水机。

3）（20A）厨房小家电 GFCI 1 号回路。

4）（20A）厨房小家电 GFCI 2 号回路。

5）（20A）电冰箱回路。

6）（20A）厨房、餐厅等墙壁上的插座回路。

（2）照明部分具体回路设置。

1）（15A）烟雾报警器、应急照明回路。

2）（20A）照明回路。

3）（20A）照明回路。

4）（20A）照明回路。

5）备用回路。

6）备用回路。

（3）浴室部分具体回路设置。

1）浴室 GFCI 插座回路。

2）浴室 2 号 GFCI 回路。

（4）GFCI 插座部分具体回路设置。

1）车库插座（GFCI）。

2）未完成地下室内的插座（GFCI）。

3）室外插座（GFCI）。

4）卧室 1 号、2 号分支电路。

5）卧室 3 号、4 号分支电路。

6）杂物间（洗衣机插座）。

**2. 右侧 240V 回路设置**

右侧 240V 电压回路合计 20 条回路，每两条回路间电压为 240V，可设置 10 条单独回路。1、2 回路为电炉灶回路，3、4 回路为电热水器回路，5、6 回路为室外热泵单元，7、8 回路为室内热泵单元，9、10 回路为浴室 1 号加热器，11、12 回路为浴室 2 号加热器，13、14 回路为水泵（乡村地区需要设置），15、16 回路为 SPA 区域 GFCI 回路，17、18 回路为电焊机、窑炉等大功率设备回路，19、20 回路为电干衣机。

### 3.1.3　各回路导线规格的规定

一般情况下，美式住宅的回路设置如上所述，而各回路额定电流在 NEC 中也有相关的规定（见表 3.2），则各回路所用导线的线径或各回路导线的线规也就可以确定。如果有特殊的大功率设备需要单独供电，则回路电缆的选择以及断路器的选择就需要参考相关资料。

下面仅就一般情况对于各回路线规进行介绍。

（1）即使 NEC 允许采用 14AWG‐3 导线用于插座回路，但还是最好使用

12AWG - 3 导线用于插座回路。

（2）14AWG - 3 导线用于烟雾报警器和 3、4 回路开关电路使用，烟雾报警器需有 AFCI 保护。

（3）任何室外电路均需采用 UF 电缆。

（4）电吹风回路需用 10AWG - 3 导线。

（5）电热水器回路需用 10AWG - 2 导线。

（6）电炉回路采用 6AWG - 3 导线。

（7）照明、门铃回路采用 18AWG - 3、16AWG - 3 导线。

实际使用时，18 号、16 号导线用于低压，如门铃；14 号、12 号导线用于插座回路和照明回路；10 号导线用于电烘干机、电热水器等；6 号导线用于电炉灶；THHN/THWN 是常用的铜芯 SE 电缆，作为电线杆到室外电表段的连接。

## 3.2 美标项目电气设计

### 3.2.1 美标项目电气设计特点

依照美标建筑电气设计规程进行设计工作时，需注意应将线路压降控制在 5V 以内（即≤5V），线缆的安全载流量需乘 1.25 的安全系数。通过对日常工作的总结归纳，集成建筑依照美标规范做电气设计工作的特点如下：

（1）建筑内的照明回路依照一个回路 15A 或 20A 划分回路数量。

（2）冰箱、空调、热水器、烘干机、电灶等电器设备回路需一个插座一条回路，电压 240V，使用四孔插座，背部接四线（2 根火线＋1 根零线＋1 根接地线）。

（3）GFCI 插座和普通插座需分开设置回路，每条回路连接插座数量为 6～8 个，电压 120V，使用三孔插座，背部接三线（1 根火线＋1 根零线＋1 根接地线）。

（4）GFCI 插座回路无需 AFCI 保护，普通插座回路需要 AFCI 保护。

（5）照明回路断路器 1P/15A（或 20A）。

（6）GFCI 插座、普通插座（须有 AFCI 保护）回路断路器 2P/20A。

（7）冰箱、空调、热水器（须有 AFCI 保护）回路断路器 2P/30A。

（8）电灶回路断路器 2P/50A。

### 3.2.2 美标建筑电气回路图

美标建筑电气回路的设置较国内更为复杂，单独设置的回路很多。由于烹饪习惯的不同，在美国，人们使用电灶进行日常的烹饪，而电灶的功率通常很大，这点需注意。图 3.2 和图 3.3 所示为典型的美式住宅回路设计示意图。图中 GFCI 插座在国内是没有的，这点需要特别注意。美式的电气设计和中式的电气设计在大的方向上是一致的，但美式的考虑得更为周全，电气安全系数更高。

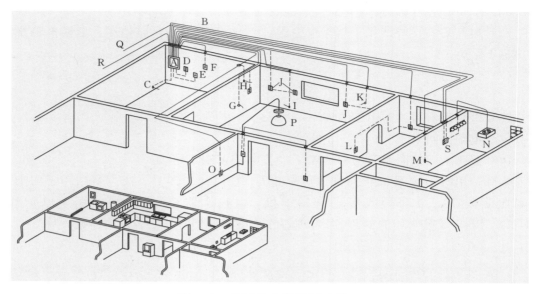

图 3.2　美国住宅常规回路设置

（注：检查电路一定要有 AFCI 保护，电路必须有防篡改的插座，如果是外面的插座，
必须是耐气候的。经验法则是，已经有了 GFCI 保护的电路，不需要 AFCI 保护）
A—主配电箱；B—配电箱总出线；C—地板加热器电缆（专用回路）；D—杂物间插座；
E—专用电路用于烘干机插座；F—热水器（专用回路）；G—R 型电缆（专用回路）；
H—客厅风扇；I—洗碗机电缆（专用回路）；J—插座在工作台面使用 GFCI 保护
插座（两回路）；K—冰箱电缆（专用线路）；L—电缆用于餐厅的插座；
M—内壁加热器电缆（专用）；N—浴灯和风扇；O—客厅的电路；
P—厨房顶灯由客厅回路引来；Q—用于烟雾报警器和三路灯开关
的电缆；R—室外 GFCI 插座不得与客厅、车库、卧室或者
其他类似的房间的电路混接；S—浴室 GFCI 插座

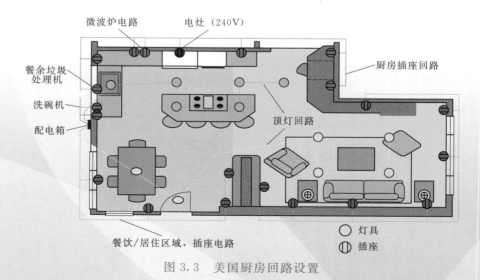

图 3.3　美国厨房回路设置

## 3.3 美标建筑电气制图

### 3.3.1 集成建筑电气制图（中美结合）

**1. 实际项目图**

图 3.4～图 3.7 所示为本书作者参与设计美标项目的实际设计图。图中所示方案

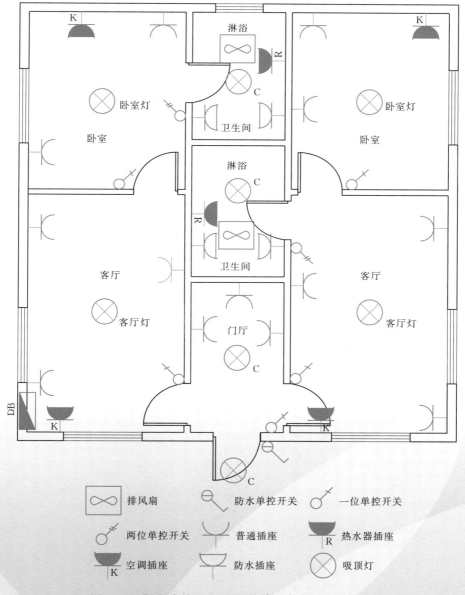

图 3.4 集成建筑两室两厅美标电气图（平面图）

配电的核心思想是依照中标的原则，电气符号也是中标的标准，但电气系统图采用美标制图方式，是中美参半的产物。在此以这些设计图作为过渡，逐步了解美标电气设计的思想以及美标制图的方式方法。

　　图 3.5 及图 3.7 中，照明、插座采用单极断路器，在图中占用一个断路器，供电电压为 120V。图中两断路器连接到一起为空调、热水器回路供电，供电电压为 120V 和 240V 两种电压。

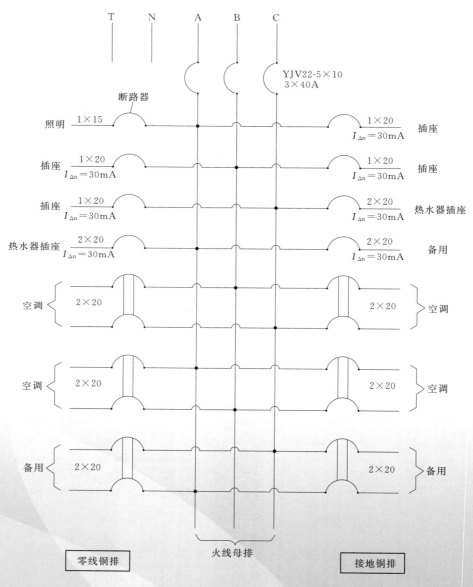

图 3.5　集成建筑两室两厅电气系统图（120～208V）

$I_{\Delta n}$—漏电保护电流

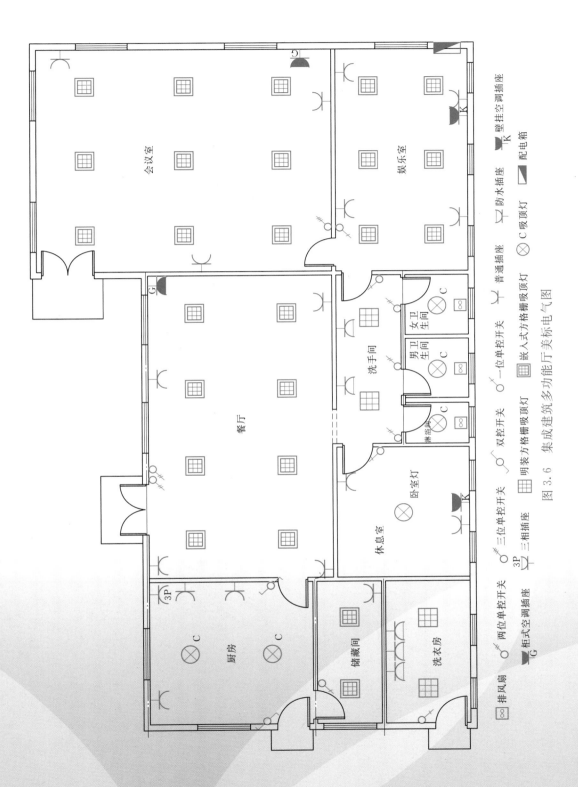

图 3.6 集成建筑多功能厅美标电气图

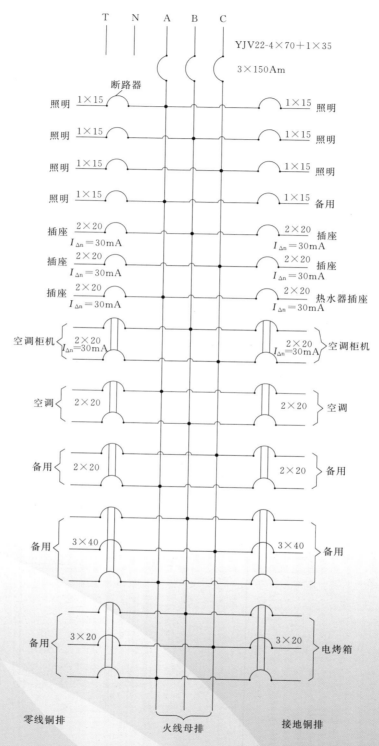

图 3.7　集成建筑多功能厅电气系统图（120～208V）

**2. 集成建筑项目实景**

图 3.8 和图 3.9 所示为一些建筑的实景图。通过实景图和方案图相结合,可以快速提升识图能力与设计能力。在做方案设计时,可以根据用户使用需求整体规划营地设计方案,充分发挥各部分职能,让整个营地像一个巨型机器一样运转起来。

图 3.8 集成建筑营地实景 1

图 3.9 集成建筑营地实景 2

### 3.3.2　美标建筑电气图形符号

要设计出规范的美标图纸，需要从各方面进行规范。首先，设计思想要从美标出发，这里不仅指电气，还包括建筑方面；其次，回路设置原则和电气元件摆放要贴近美式建筑的特点，做到能满足日常的生产、生活需求；最后，从图形符号、制图标准上进行规范。表 3.3～表 3.5 分别为美标建筑通用电气符号、照明电气符号和插座电气符号。

表 3.3　　　　　　　　　　　　美标建筑通用电气符号

| 图　形 | 说　　明 | 图　形 | 说　　明 |
|---|---|---|---|
| AFF | 在地面上 | | 双头应急灯 |
| EX | 防爆 | | 疏散指示灯（吊顶） |
| TYP | 典型的 | | 疏散指示灯（壁装） |
| UON | 除非另有说明 | | 地插座 |
| WP | 防雨 | | 时钟插座 |
| HOA | 手动-关闭-自动 | 6－30R | 电源插座，字母表示 NEMA 编号 |
| +46″ | 地面以上的安装高度 | | 天花安装插座 |
| E | 管道套头 | | 安全开关 |
| ○ | 管道上 | | 安全开关（带保险丝） |
| C | 管道下 | $_T | 带有热过载的电动机开关 |
| ◯ | 标注 | | 电动机控制器 |
| ⬡ | 机械设备识别 | | 继电器或接触器线圈 |
| $K | 键控开关 | | 配电设备或配电总机 |
| $D | 调光开关 | | 专用机柜，电话式终端柜 |
| $P | 带指示灯开关 | ② | 电机连接（数字表示马力） |
| $L | 带定位灯开关 | | 控制按钮 |
| $WP | 防水开关 | | 启动、停止按钮 |
| $EC | 三挡调节开关（使用风扇、水泵等） | J | 分线盒 |
| | 带软管的接线盒 | J | 分线盒 |

| 图　形 | 说　明 | 图　形 | 说　明 |
|---|---|---|---|
| ⊗R | 指示灯，R=红色，G=绿色，Y=黄色 | | 火警喇叭 |
| ⊢T | 恒温（调节）器 | | 火警警铃 |
| ⏚ | 接地 | | 火警喇叭和闪光灯 |
| ▭ | 保险丝 | | 火警闸门 |
| ▬ | 断路器（分配电箱内） | | 网络插座 |
| ⌒ | 断路器 | ▼ | 电话插座（地板安装） |
| ⊶‖⊷ | 常开触点 | ▼ | 电话插座 |
| ⊶╫⊷ | 常闭触点 | ▽ | 壁挂式扬声器 |
| ▣ | 磁门开关 | ⊖ | 吊顶扬声器 |
| $v | 音量控制开关 | | 传声器壁贮器 |
| T | 变压器 | | 麦克风地板插座 |
| ≋ | 变压器 | | 蜂鸣器 |
| ⊠ | 手动报警按钮 | | 钟、铃 |
| ⊗ | 火灾报警器（光电型） | ⊣‖‖⊢ | 在墙壁或天花板上隐藏的管线 |
| ▨ | 火警风管烟雾探测器 | —— | 地下的隐蔽管线 |
| ⊕ | 火警热探测器 | —W— | 金属管线 |
| ⊗ | 火警火焰探测器 | —EM— | 应急电源回路 |
| 　 | 消防喷头水流报警开关 | —T— | 电话回路 |
| ▣ | 消防电话 | —T→ | 电话回路回机柜 |
| ▣ | 磁性门锁 | | |

表 3.4　　　　　　　　　　美标建筑照明电气符号

| 序号 | 图例 | | 名　称 | 备　注 |
|:---:|:---:|:---:|:---:|:---:|
| | 吊顶安装 | 壁　装 | | |
| 1 | Ⓑ | —Ⓑ | 空白出线盒 | |
| 2 | Ⓙ | —Ⓙ | 分线盒 | |
| 3 | Ⓡ͓X | —Ⓡ͓X | 暗装安全出口指示灯 | |
| 4 | ⊗ | —⊗ | 明装安全出口指示灯 | |
| 5 | ▭Ⓡ▭ | —▭Ⓡ▭‖ | 暗装荧光灯 | |
| 6 | ▭○▭ | —▭○▭‖ | 明装荧光灯 | |
| 7 | Ⓡ | —Ⓡ | 暗装灯具 | |
| 8 | ○ | —○ | 明装灯具 | |
| 9 | | $S_4$ | 四位单控开关 | |
| 10 | | $S_3$ | 三位单控开关 | |
| 11 | | $S_2$ | 双位单控开关 | |
| 12 | | $S_1$ | 一位单控开关 | |
| 13 | | $S_P$ | 带指示灯的开关 | |
| 14 | | $S_K$ | 按键开关 | |
| 15 | | $S_L$ | 低压开关系统开关 | |
| 16 | | $S_{LM}$ | 低压开关系统主开关 | |
| 17 | | $S_D$ | 门开关 | |
| 18 | | $S_T$ | 定时自动开关 | |
| 19 | | $S_{CB}$ | 断路器开关 | |
| 20 | Ⓢ | | 拉线开关 | |
| 21 | ▭Ⓡ▭‖ | | 嵌装暗装荧光灯带 | |
| 22 | ▭○▭‖ | | 明装表面固定荧光灯带 | |
| 23 | | | 在天花板和墙布线 | |
| 24 | | | 在地板布线 | |
| 25 | – – – – – – – | | 裸导线 | |
| 26 | ——／／／—— | | 三线回路 | |
| 27 | ——／／／／—— | | 四线回路 | |

表 3.5　　　　　　　　　　　　　　　美标建筑插座电气符号

| 序号 | 图例 | | 名　称 | 备　注 |
|---|---|---|---|---|
| | 接地型 | 不接地型 | | |
| 1 | 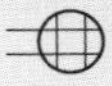 ⊕ |  ⊕ UNG | 四孔插座 | |
| 2 | 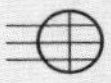 ⊕ |  ⊕ UNG | 三孔插座 | |
| 3 | 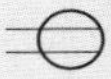 ⊖ |  ⊖ UNG | 两孔插座 | |
| 4 |  △ |  △ UNG | 专用插座 | |
| 5 |  ⊖ |  ⊖ UNG | 分线两孔插座 | |
| 6 |  ⊕ |  ⊕ UNG | 分线三孔插座 | |
| 7 | 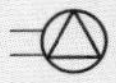 △ |  △ UNG | 双出口特殊用途插座 | |
| 8 |  ▲ UNG R |  △ UNG R | 暗装插座 | |
| 9 |  ▲ G |  △ UNG G | 接地插座 | |
| 10 |  ▲ EP |  △ UNG EP | 防爆插座 | |
| 11 |  ▲ DT |  △ UNG DT | 防尘插座 | |
| 12 |  ▲ RT |  △ UNG RT | 防雨插座 | |
| 13 |  ▲ WT |  △ UNG WT | 水密插座 | |
| 14 |  ▲ VT |  △ UNG VT | 防烟汽插座 | |
| 15 |  ▲ WP |  △ UNG WP | 防风雨插座 | |
| 16 |  Ⓒ |  Ⓒ UNG | 时钟插座 | |
| 17 |  Ⓕ |  Ⓕ UNG | 风扇插座 | |
| 18 | ⊟ |  ⊟ UNG | 地板单插座 | |
| 19 |  ⊟ |  ⊟ UNG | 地板双孔插座 | |
| 20 |  △ |  △ UNG | 地板特殊用途插座 | |

## 3.3.3　集成建筑电气制图（美标）

图 3.10～图 3.15 所示为综合美标电气设置特点以及美标建筑电气制图标准图形符号所设计的实际项目图。这些图中电气符号以及设计思想完全遵循美标电气的设计原则，项目主体建筑为轻钢别墅。

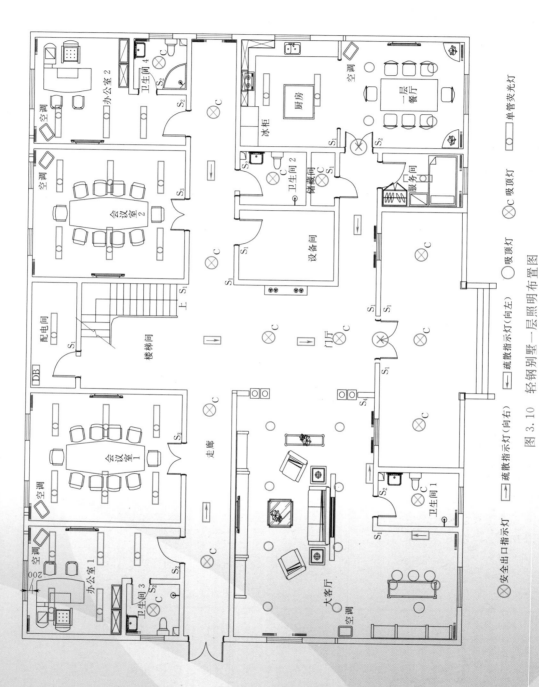

图 3.10　轻钢别墅一层照明布置图

$S_1$—一位单控开关；$S_2$—两位单控开关；$S_3$—三位单控开关；$S_4$—四位单控开关

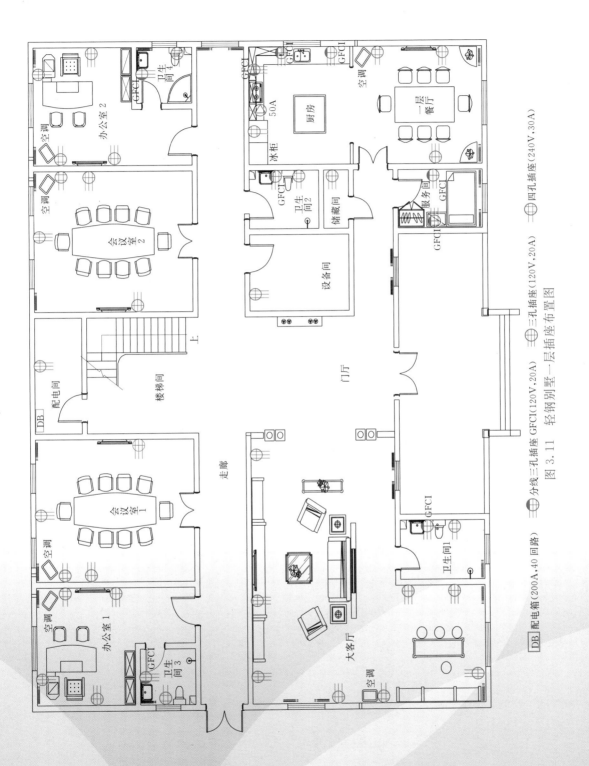

图3.11 轻钢别墅一层插座布置图

DB 配电箱(200A,40回路) 　分线三孔插座 GFCI(120V,20A) 　三孔插座(120V,20A) 　四孔插座(240V,30A)

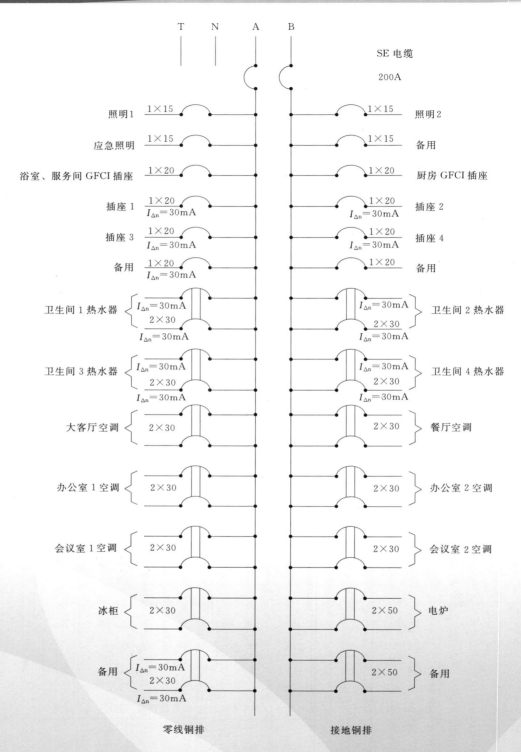

图 3.12 轻钢别墅一层电气系统图（120～240V）

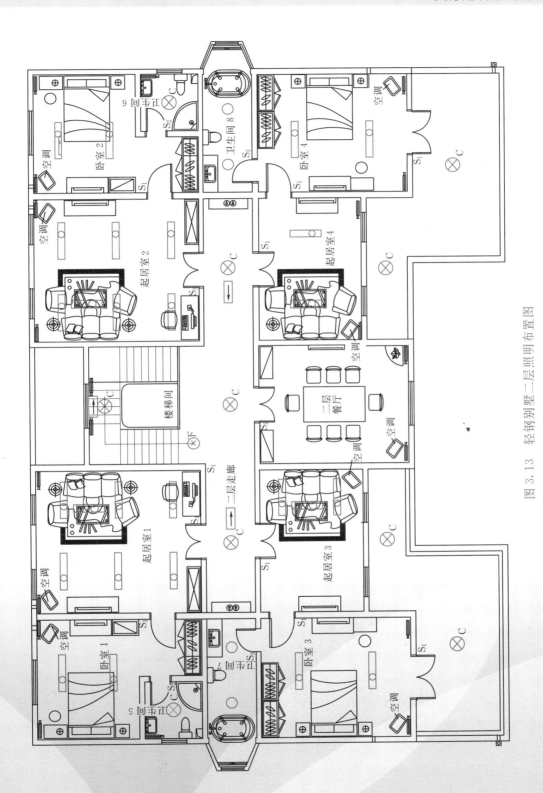

图 3.13 轻钢别墅二层照明布置图

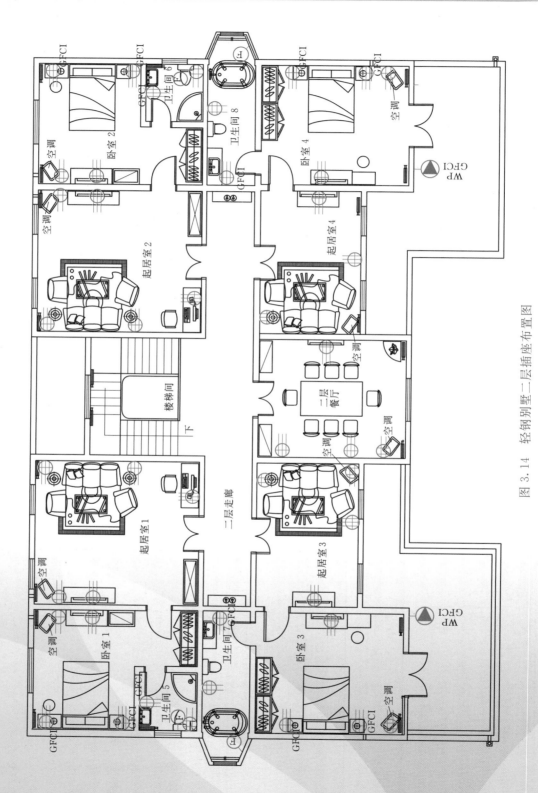

图 3.14　轻钢别墅二层插座布置图

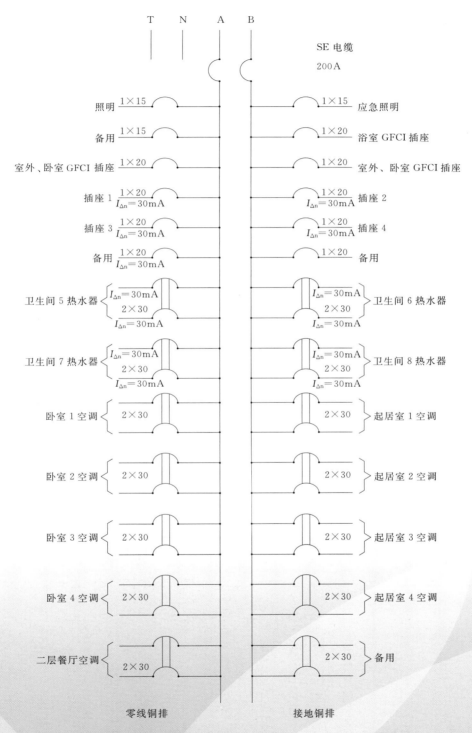

图 3.15 轻钢别墅二层电气系统图（120～240V）

　　在集成建筑营地中，建筑是以单元为供电单位，一个建筑单元功能比较单一。有的一个单元全是宿舍且每间宿舍的格局都一样，有的全是办公室，每间办公室的格局也类似，或者一个单元是食堂、厨房的结合体。总之，集成建筑营地内的建筑格局和轻钢别墅比起来简单很多。下面以宿舍为例阐述中标和美标在电气设计方面的相同和不同点。由于格局类似，仅截取典型单元部分为例，如图 3.16～图 3.22 所示。

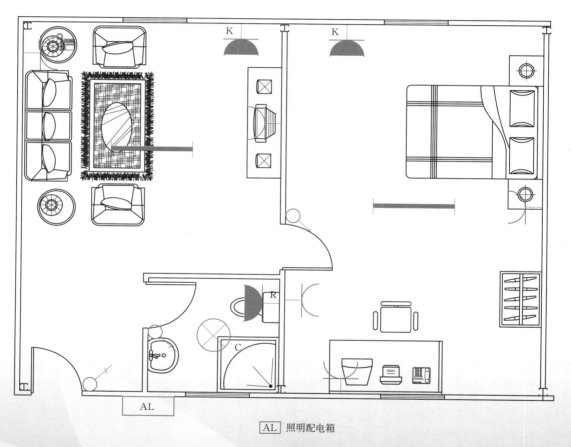

[AL] 照明配电箱

图 3.16　集成建筑宿舍中标电气布置图

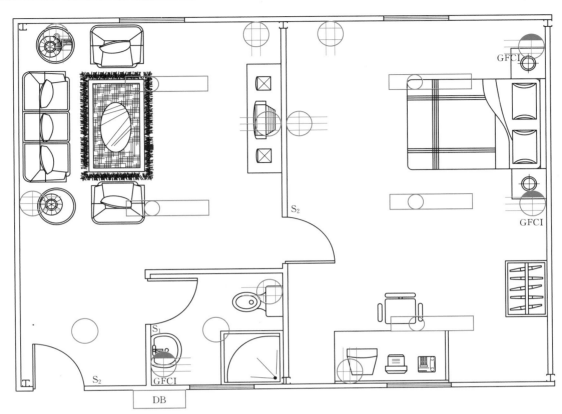

DB 配电箱(200A,40回路)　　　GFCI 分线三孔插座GFCI(120V,20A)

三孔插座(120V,20A)　　　四孔插座(240V,30A)

图 3.17　集成建筑宿舍美标电气布置图

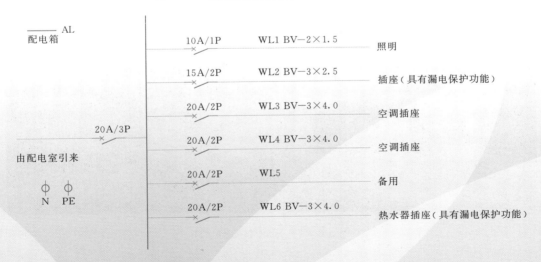

图 3.18　集成建筑宿舍中标电气系统图

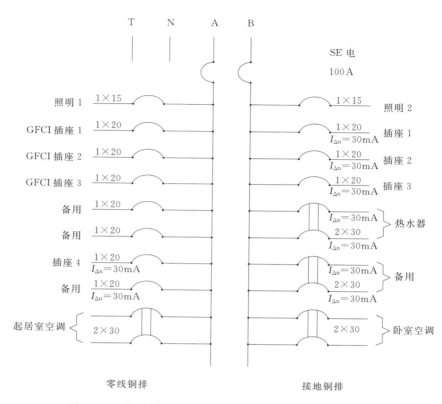

图 3.19　集成建筑宿舍美标电气系统图（120～240V）

图 3.20　轻钢别墅实景

图 3.21 营地宿舍实景 1

图 3.22 营地宿舍实景 2

# 第4章

# 美标建筑电气功率计算

## 4.1 照明功率密度

NEC 中对不同场所的照明功率密度（LPD）有着不同的规定，见表 4.1，可以根据场所类型以及场所面积通过查询表 4.1 计算出该场所的照明功率总值，再通过回路额定电流的规定值粗略地计算出照明的回路数。

表 4.1 照 明 功 率 密 度

| 序号 | 住 所 类 型 | LPD | |
|---|---|---|---|
| | | $W/m^2$ | $W/ft^2$ |
| 1 | 军械库和礼堂 | 11 | 1.00 |
| 2 | 银行 | 39 | 3.50 |
| 3 | 理发店和美容店 | 33 | 3.00 |
| 4 | 教堂 | 11 | 1.00 |
| 5 | 俱乐部 | 22 | 2.00 |
| 6 | 法庭 | 22 | 2.00 |
| 7 | 居民楼单元 | 33 | 3.00 |
| 8 | 商业车库 | 6 | 0.50 |
| 9 | 医院 | 22 | 2.00 |
| 10 | 旅馆和汽车旅馆，包含不提供烹饪设备的公寓式房间 | 22 | 2.00 |
| 11 | 工业商业用高层建筑 | 22 | 2.00 |

| 序号 | 住 所 类 型 | LPD | |
|---|---|---|---|
| | | W/m² | W/ft² |
| 12 | 寄宿房间 | 17 | 1.50 |
| 13 | 办公楼 | 39 | 3.50 |
| 14 | 饭店 | 22 | 2.00 |
| 15 | 学校 | 33 | 3.00 |
| 16 | 商店 | 33 | 3.00 |
| 17 | 仓库 | 3 | 0.25 |
| 18 | 会议厅和礼堂 | 11 | 1.00 |
| 19 | 大厅、走廊、储藏室、楼梯 | 6 | 0.50 |
| 20 | 储藏空间 | 3 | 0.25 |

由于照明采用120V供电,根据表4.1计算出相应的电流,再依据回路电流的额定值,来确定是由15A回路供电还是由20A回路供电,并确定回路数量。

例如,住宅面积 $1500ft^2 \times 3W/ft^2 = 4500W$

$$4500W \div 120V = 37.5A$$

这就需要3条15A的两线回路或2条20A的两线回路,具体根据实际情况选择。

## 4.2 需求系数

### 4.2.1 照明需求系数

表 4.2                   照 明 需 求 系 数

| 处所类型 | 需求系数适用的照明负载 /kW | 需求系数 /% |
|---|---|---|
| 居民楼单元 | ≤3 | 100 |
| | 3 万～12 万 | 35 |
| | 功率超过 12 的部分 | 25 |
| 医院 | ≤5 | 40 |
| | 功率超过 50 的部分 | 20 |
| 旅馆和汽车旅馆(包括不向房客提供烹饪设备的公寓住房在内) | ≤20 | 50 |
| | 20～100 | 40 |
| | 功率超过 100 的部分 | 30 |
| 仓库 | ≤12.5 | 100 |
| | 功率超过 12.5 的部分 | 50 |
| 所有其他住所 | 总功率数 | 100 |

表 4.2 中的需求系数不适用于为医院、旅馆和汽车旅馆中的不同区域供电的各馈线和供电的负载计算，因为在医院、旅馆和汽车旅馆中，不同区域的照明可能同时使用。

### 4.2.2　其他需求系数

**1. 非居民楼插座负载**

非居民楼单元插座负载的需求系数见表 4.3。

表 4.3　　　　　　　　　　　　非居民楼单元插座负载的需求系数

| 需求系数适用的部分插座负载/kVA | 需求系数/% |
| --- | --- |
| ≤10 | 100 |
| >10 | 50 |

**2. 固定式电取暖**

固定式电取暖的需求系数按 100% 的总连接负载计算。

**3. 小型电器和洗衣机负载（居民楼单元）**

（1）小型电器电路负载。每个两线回路（小型电器）按照 1500W 计算。如果负载通过两条或两条以上馈线进行细分，则每条馈线的计算负载均应考虑每个两线小型电器回路不低于 1500W。

（2）洗衣设备电路负载。每条两线洗衣设备支路应不低于 1500W，应允许将该负载与一般照明负载一起计算在内，且采用表 4.2 中的需求系数。

**4. 电器负载（居民楼单元）**

在单户、双户或多户住所中，应允许对同一馈线或入户线供电的电灶、干衣机、采暖设备或空调设备以外的固定就位的四个或多个电器的铭牌额定值使用 75% 的需求系数。

**5. 电干衣机（居民楼单元）**

居民楼单元内的家用电干衣机负载应以每台 5000W（VA）或按铭牌额定值中较大者来确定。当由一条三相四线馈线或入户线为两台或多台单相干衣机供电时，应依据任意两相之间所连接的最大数量的两倍进行总负载的计算。家用电干衣机需求系数见表 4.4。

**6. 厨房设备（非居民楼单元）**

商业电烹饪设备、洗碗机、增压器、加热器、热水器以及其他厨房设备计算负载应遵照表 4.5，表中需求系数应适用于全部带有温度调节控制或间歇使用的厨房设备，且表中需求系数不适用于采暖、通风或空调设备。然而无论如何，馈线或入户线负载均不得小于最大的两个厨房设备负载之和。

表 4.4 家用干衣机需求系数

| 干衣机数量 $n$/台 | 需求系数/% | 干衣机数量 $n$/台 | 需求系数/% |
|---|---|---|---|
| 1～4 | 100 | 10 | 50 |
| 5 | 85 | 11 | 47 |
| 6 | 75 | 12～23 | $47-(n-11)$ |
| 7 | 65 | 24～42 | $35-(n-11)\times0.5$ |
| 8 | 60 | ≥43 | 25% |
| 9 | 55 | | |

表 4.5 厨房设备需求系数

| 设备台数/台 | 需求系数/% | 设备台数/台 | 需求系数/% |
|---|---|---|---|
| 1 | 100 | 4 | 80 |
| 2 | 100 | 5 | 70 |
| 3 | 90 | ≥6 | 65 |

**7. 不相似负载**

如果两个或两个以上的不相似负载不可能同时使用，则应允许仅将有可能一起使用的最大负载计入馈线或入户线的总负载。

## 4.3 中美建筑照明节能及照度对比

美国的标准中除照明用能标准外，还规定了建筑外围结构、供暖、通风和空调、热水、动力以及其他设备的用能标准。在照明用能标准中，以照明功率密度（LPD）作为照明用能的限制指标。该标准用整栋面积法（见表 4.6）和逐个场所面积法（见表 4.7）规定了 LPD 值。

美国照明节能标准的特点如下：

（1）规定 LPD 值的场所比较多，几乎包括了所有建筑和场所，如有 32 种建筑类型，91 个不同场所，15 个建筑室外场地，但工业建筑方面的场所很少。

（2）可以选用两种方法评定照明标准：一是整栋建筑面积法；二是用逐个场所面积法。

（3）关于整栋面积法的 LPD 值，2007 年的标准比 1999 年的标准平均降 4W/m² 以上，即平均降低照明用电量在 20% 以上，降低用电量幅度很大。

（4）关于逐个场所面积法的 LPD 值，2007 年标准比 1999 年的标准也有相当程度的降低。如以学校教室为例，1999 年标准为 17W/m²，而 2007 年标准为 15W/m²；开方式办公室 1999 年标准为 14W/m²，而 2007 年标准为 12W/m²，二者均降低 2W，平均降低 10% 以上。

（5）除一般照明外，以装饰为目的，装有吊灯、墙上装蜡烛灯以及高亮度要求的艺术品和展品等场所的照明，其 LPD 值可增加到不超过 $10.8\,W/m^2$。在商业建筑零售区装设的特殊设计和指向商品的高亮度照明，其可增加的 LPD 值可依下式计算

$$允许室内照明的增加电量 = \begin{cases} 1000W + 零售区\ 1\ 的面积 \times 11W/m^2 \\ （零售区\ 1：2、3\ 和\ 4\ 以外的区域） \\ 1000W + 零售区\ 2\ 的面积 \times 18W/m^2 \\ （零售区\ 2：销售自行车、运动物品和小电子产品的区域） \\ 1000W + 零售区\ 3\ 的面积 \times 28W/m^2 \\ （零售区\ 3：销售家具、服装、化妆品的区域） \\ 1000W + 零售区\ 4\ 的面积 \times 45W/m^2 \\ （零售区\ 4：珠宝、晶体、陶瓷制品的区域） \end{cases}$$

表 4.6　　　　　　　　　　　用整栋建筑面积法的 LPD 值

| 序号 | 建筑物类型 | LPD /(W/m²) | 序号 | 建筑物类型 | LPD /(W/m²) |
|---|---|---|---|---|---|
| 1 | 汽车用设施 | 10 | 17 | 公寓 | 8 |
| 2 | 法院建筑 | 13 | 18 | 博物馆 | 12 |
| 3 | 会议中心 | 13 | 19 | 办公建筑 | 11 |
| 4 | 就餐：酒吧/休息室/休闲室 | 14 | 20 | 停车库 | 3 |
| 5 | 自助食堂/快餐店 | 15 | 21 | 监狱 | 11 |
| 6 | 家庭餐厅 | 17 | 22 | 表演艺术剧院 | 17 |
| 7 | 宿舍 | 11 | 23 | 警察派出所/消防站 | 11 |
| 8 | 运动中心 | 11 | 24 | 邮政局 | 12 |
| 9 | 体育馆 | 12 | 25 | 宗教建筑 | 14 |
| 10 | 医院 | 13 | 26 | 零售商店 | 16 |
| 11 | 健康护理 | 11 | 27 | 学校/大学 | 13 |
| 12 | 旅馆 | 11 | 28 | 体育场 | 12 |
| 13 | 图书馆 | 14 | 29 | 市政厅 | 12 |
| 14 | 生产制造设施 | 14 | 30 | 运输 | 11 |
| 15 | 汽车旅馆 | 11 | 31 | 仓库 | 9 |
| 16 | 电影院 | 13 | 32 | 车间 | 15 |

表 4.7 用逐个场所面积法的 LPD 值

| 序号 | 通用场所 | LDP /(W/m²) | 建筑特殊场所 | LDP /(W/m²) |
|---|---|---|---|---|
| 1 | 封闭式办公室 | 12 | 体育馆、锻炼中心、运动区 | 15 |
| 2 | 开放式办公室 | 12 | 练习区 | 10 |
| 3 | 大会厅、会议厅、多功能厅 | 14 | 法院、公安派出所、监狱、法院房间 | 20 |
| 4 | 教室、讲堂、培训室 | 15 | 禁闭室 | 10 |
| 5 | 监狱 | 14 | 审判庭 | 14 |
| 6 | 大堂 | 14 | 消防站、消防站的救火车库 | 9 |
| 7 | 旅馆 | 12 | 宿舍 | 3 |
| 8 | 表演艺术剧院 | 36 | 邮局分拣区 | 13 |
| 9 | 电影院 | 12 | 会议中心、展览场所 | 14 |
| 10 | 公众、坐席区 | 10 | 图书馆：目录室 | 12 |
| 11 | 体育馆 | 4 | 书库 | 18 |
| 12 | 健身中心 | 3 | 阅览室 | 13 |
| 13 | 会议中心 | 8 | 医院：急诊室 | 29 |
| 14 | 监狱 | 8 | 康复室 | 9 |
| 15 | 宗教建筑 | 18 | 护士站 | 11 |
| 16 | 体育场地 | 4 | 检查、治疗 | 16 |
| 17 | 表演艺术剧院 | 28 | 药房 | 13 |
| 18 | 电影院 | 13 | 病房 | 8 |
| 19 | 交通运输 | 5 | 手术室 | 24 |
| 20 | 前室、前三层 | 6 | 细菌室 | 6 |
| 21 | 前室、每一个附加层 | 2 | 医疗供应 | 15 |
| 22 | 客厅、娱乐室 | 13 | 理疗室 | 10 |
| 23 | 医院 | 9 | 放射室 | 4 |
| 24 | 用餐区 | 10 | 洗衣、洗涤室 | 6 |
| 25 | 监狱 | 14 | 汽车保养、修理 | 8 |
| 26 | 旅馆 | 14 | 工厂 | 13 |
| 27 | 汽车旅馆 | 13 | 低厂房（地面至顶棚高小于7.6m） | 13 |
| 28 | 酒吧、休闲用餐 | 15 | 高厂房（地面至顶棚高大于或等于7.6m） | 18 |
| 29 | 家庭用餐 | 23 | 精细加工厂房 | 23 |
| 30 | 食物准备 | 13 | 设备房 | 13 |

续表

| 序号 | 通用场所 | LDP /（W/m²） | 建筑特殊场所 | LDP /（W/m²） |
|---|---|---|---|---|
| 31 | 实验室 | 15 | 控制室 | 5 |
| 32 | 休息室 | 10 | 旅馆、汽车旅馆客房 | 12 |
| 33 | 衣物、橱柜、用品间 | 6 | 宿舍 | 12 |
| 34 | 走廊、过渡段 | 5 | 博物馆：展厅 | 11 |
| 35 | 医院 | 11 | 修复室 | 18 |
| 36 | 工厂加工设备 | 5 | 银行、办公室、银行活动区 | 16 |
| 37 | 楼梯间（常用的） | 6 | 宗教建筑、讲堂 | 26 |
| 38 | 常用储藏室 | 9 | 会员大厅 | 10 |
| 39 | 医院 | 10 | 零售商店：销售区 | 18 |
| 40 | 待用储物室 | 3 | 购物中心大厅 | 18 |
| 41 | 博物馆 | 9 | 体育场所：环形体育场地 | 29 |
| 42 | 电气间、机械间 | 16 | 球场 | 25 |
| 43 | 车间 | 20 | 室内运动场地 | 15 |
| 44 | 交通运输：空港的中央大厅 | 6 | 仓库：精细材料储存库 | 15 |
| 45 | 航空、火车、汽车的行李区 | 11 | 中等、体积大的材料储存库 | 10 |
| 46 | 售票处 | 16 | 停车库的车库场地 | 2 |

　　各个功能间的 LPD 值可查表 4.6 和表 4.7 得到，从而可得出功能间的总体功率，再依据单灯功率，即可得出灯具数量。布置完成后，再查表 4.8 从而校验照度是否符合规定。

表 4.8　　　　　　　　　　中美照度及 LPD 总体对比表

| 序号 | 场所类型 | 房间或场所 | LPD/（W/m²） | | | 对应照度/lx | |
|---|---|---|---|---|---|---|---|
| | | | GB 50034—2004 | | ANSI/SHRAE 90.1—2007 | GB 50034 —2007 | 美国照明手册 —2000 |
| | | | 现行值 | 目标值 | 现行值 | | |
| 1 | 办公建筑 | 普通办公室 | 11 | 9 | 12 | 300 | 300 |
| 2 | | 高档办公室 | 18 | 15 | 16 | 500 | 500 |
| 3 | | 设计室 | 18 | 15 | 16 | 500 | 500 |
| 4 | | 会议室 | 11 | 9 | 14 | 300 | 300 |
| 5 | | 营业厅 | 13 | 11 | 16 | 300 | 300 |

| 序号 | 场所类型 | 房间或场所 | LPD/（W/m²） | | | 对应照度/lx | |
|---|---|---|---|---|---|---|---|
| | | | GB 50034—2004 | | ANSI/SHRAE 90.1—2007 | GB 50034 —2007 | 美国照明手册 —2000 |
| | | | 现行值 | 目标值 | 现行值 | | |
| 6 | 商业建筑 | 一般商店营业厅 | 12 | 10 | 18 | 300 | 500 |
| 7 | | 高档商店营业厅 | 19 | 16 | 18 | 500 | 500 |
| 8 | | 一般超市营业厅 | 13 | 11 | 18 | 300 | 500 |
| 9 | | 高档超市营业厅 | 20 | 17 | 18 | 500 | 500 |
| 10 | 旅馆建筑 | 客房 | 15 | 13 | 12 | — | 100～300 |
| 11 | | 多功能厅 | 18 | 15 | 14 | 300 | 300 |
| 12 | | 客房层走廊 | 5 | 4 | 5 | 50 | 50 |
| 13 | | 大堂 | 15 | 13 | 12 | 300 | 100～300 |
| 14 | 医院建筑 | 治疗室、诊室 | 11 | 9 | 16 | 300 | 300～500 |
| 15 | | 手术室 | 30 | 25 | 24 | 750 | 500～1000 |
| 16 | | 病房 | 6 | 5 | 8 | 100 | 50 |
| 17 | | 护士站 | 11 | 9 | 11 | 300 | 300 |
| 18 | | 药房 | 20 | 17 | 13 | 500 | 500 |
| 19 | 学校 | 教室、阅览室 | 11 | 9 | 15 | 300 | 500 |
| 20 | | 实验室 | 11 | 9 | 15 | 300 | 500 |
| 21 | 工业建筑 | 精细加工 | 19 | 17 | 23 | 500 | 500～1000 |
| 22 | | 控制室 | 11 | 9 | 5 | 300 | — |

注意：4.1 节提及的 LPD 可在设计初期进行概略估算功率值时使用，至于具体设计灯具及照度时可根据表 4.8 再结合天正电气软件进行设计。中美在照度的计算方法上基本相同，美国照明设计规范有 32 种建筑类型，91 个不同场所，15 个建筑室外场地，几乎涵盖了全部的公共建筑类型和房间，但工业建筑方面的场所很少。而我国标准规定了 38 种居住和公共建筑的房间类型和 69 种工业建筑车间类型的 LPD 值，不足的是很多公共建筑房间的 LPD 值没有规定，但是工业建筑的 LPD 值比美国多。

## 4.4 功率计算实例

### 4.4.1 功率计算实例——功率计算

假设住宅面积为 2000ft²，那么整栋房子的功率计算如下。

**1. 照明**

$$2000ft^2 \times 3VA/ft^2 = 6000VA$$

**2. 小型电器回路**

预留两路，每路 1500VA，则有

$$1500VA \times 2 = 3000VA$$

洗衣房预留一路 1500VA（不包含烘干机功率）。

小型电器回路功率为

$$3000VA + 1500VA = 4500VA$$

**3. 常见设备功率**

洗碗机：1500VA、热水器：4500VA、烘干机：4000VA（NEC 中关于烘干机功率的规定为 5000VA，此处按照设备铭牌的实际功率数计算）、电灶：8000VA、水泵：1500VA、垃圾处理机：900VA，这些设备按照 30000VA 计算。

**4. 小计**

$$6000VA + 4500VA + 30000VA = 40500VA$$

由于电器不可能同一时间全部都在使用，第一个 10000VA 按照 100% 计算，剩余的 30500VA 按照 40% 计算，则有

$$10000VA + 30500VA \times 40\% = 22200VA$$

对于电暖气和空调，只取两者中功率最大值，而不是将两者相加。

本实例中取电暖气功率 20000VA，合计 22200VA + 20000VA = 42200VA。

计算电流 42200VA/240V = 176A，所以总配电板选用 200A。

然而在进行设计时，需要为以后设备添加做准备，所以应该选用一个 200A、一个 100A，两个配电箱。

### 4.4.2　功率计算实例二——导线的选择

**1. 说明**

（1）实例中结果通常用安培（A）表示结果。

（2）电压。在计算导线安培负载时，使用以下标称电压，即 120V、120V/240V、240V 和 208V/120V。

（3）安培的小数位。小数位不足 0.5A 的允许被省略。

（4）功率因数。为方便起见，实例中的计算假定所有负载具有相同的功率因数。

（5）国际单位制（SI）。与国际单位制的单位换算中，$0.093m^2 = 1ft^2$，$0.3048m = 1ft$。

**2. 实例**

住宅拥有面积为 1500ft² 的楼层、尚未准备好将来用途的包括未完成的专有地下室、未完成的阁楼以及开放式的门廊。电器是一台 12kW 的电灶和一台 5.5kW/240V 的干衣机。干衣机、电灶与其他烹饪电器符合功率等级。

（1）计算负载。

普通照明负载

$$1500 \text{ft}^2 \times 3 \text{VA/ft}^2 = 4500 \text{VA}$$

（2）所需的最小数量电路支路。

1）普通照明负载：

$$4500 \text{VA} \div 120 \text{V} = 37.5 \text{A}$$

需要 3 根 15A 的两线电路，或 2 根 20A 的两线电路。

2）小家电负载：2 根 20A 的两线电路。

3）洗衣房负载：1 根 20A 的两线电路。

4）浴室支路：1 根 20A 的两线电路（该电路不需要额外的负载计算）。

表 4.9　　　　　　　　　　计　算　公　式

| 项　　目 | 负载/VA | 项　　目 | 负载/VA |
|---|---|---|---|
| 普通照明 | 4500 | 9000VA－3000VA＝6000VA×35％ | 2100 |
| 小家电 | 3000 | 净负载 | 5100 |
| 洗衣房 | 1500 | 电灶 | 8000 |
| 合计 | 9000 | 干衣机负载 | 5500 |
| 3000VA×100％ | 3000 | 计算出的净负载 | 18600 |

标称电压为 120/240V，单相三线供电或馈线的净负载为

$$18600 \text{VA} \div 240 \text{V} = 77.5 \text{A （取 78A）}$$

根据 NEC 第 230.42（B）款和 230.79 条要求供电导线和隔离设备额定电流不少于 100A。

表 4.10　　　　　　　　　馈线和供电的零线的计算

| 序号 | 项　　目 | 负载/VA |
|---|---|---|
| 1 | 照明和小家电 | 5100 |
| 2 | 电灶：8000VA×70％（参看 NEC 第 220.61 条） | 5600 |
| 3 | 干衣机：5500VA×70％（参看 NEC 第 220.61 条） | 3850 |
| 4 | 合计 | 14550 |

计算出的零线负载为

$$14550 \text{VA} \div 240 \text{V} = 60.6 \text{A （取 61A）}$$

### 4.4.3　功率计算实例三——总负载电流的计算

假设与实例 4.4.2 相同情况，加上一台 6A/230V 的房间用空调单元，1 台 8A/115V 的垃圾处理机和一台 10A/120V 的洗碗机。铭牌额定电压为 115V 和 230V 的电

机分别用于标称电压为 120V 和 240V 的系统（在不平衡时，馈线零线使用两个电器中较大的那个）。

由 4.4.2 可得出电流是 78A（三线，240V）。

表 4.11　　　　　　　　　　　计　算　公　式

| 序号 | 项　目 | A 火线 | 零线 | B 火线 |
|------|--------|--------|------|--------|
| 1 | 4.4.2 中负载电流/A | 78 | 61 | 78 |
| 2 | 一台 230V 空调负载电流/A | 6 | | 6 |
| 3 | 一台 115V 空调和 120V 洗碗机负载电流/A | 12 | 12（不平衡，选取两者中较大的 12A） | 10 |
| 4 | 一台 115V 处理机负载电流/A | | 8 | 8 |
| 5 | 最大电机的 25% 负载电流/A | 12×0.25＝3 | 12×0.25＝3 | 8×0.25＝2 |
| 6 | 各线的总负载电流/A | 99 | 84 | 104 |

所以，额定供电为 110A。

注意：表 4.11 序号 5 中，参照 NEC430.24 条：多台电动机或一台电动机和其他负载的供电导线，其载流量不应小于最大额定值电动机的满载额定电流的 125% 加上这组中所有其他的电动机的满载电流额定值的和，再加上其他负载所要求的载流量。

# 附录 A

## 美国常用电气标准和规范

美国电气规范和标准与国内有一定的区别，首先它多以非官方机构为主导，并没有单一的、核心的政府机构专门负责标准的制定、执行或测试。多为民间所制定的标准，通过国家级的非官方机构认证后推广执行。而且美国各州、郡、市对电气产品的规范和标准要求各不相同。

总体来看，美国国内和电气相关的标准或规范有很多种类，包括 ANSI、NEC、NEMA、NESC、OSHA、IEEE、UL 等。这些标准分别对应电气领域的各个方面，并且互相兼容或借鉴。下面对各类规范做简单的介绍。

（1）ANSI（American National Standards Institute，美国国家标准协会）主要负责审核各机构送审的标准（主要是各专业领域基础性的通用标准，包括制造、设计、安全、施工等一系列内容）。各系列一旦通过审核，就成为国家认可标准，并于该标准前加上 ANSI 的字样。例如 NEC（文件编号 NFPA70），在通过 ANSI 审核后，就成为 ANSI/NFPA70。此外，ANSI 会对一些基础性的标准或规范做出要求，如对电气设施中的电压等级，"ANSI C84.1—2006 Electric Power Systems And Equipment – Voltage Ratings（60Hertz）"归属于 ANSI 标准，对供配电系统中的额定电压、最高电压、最低电压、电压偏差等做出规定。

（2）NEC（National Electrical Code，美国国家电气规范）由美国国家火灾保护协会（National Fire Association，

NFPA）提出，文件编号为 NFPA70，并由 NFPA 每 3 年修订一次，从 1897 年颁布至今已经有 45 版。NEC 规范是美国国内最有影响力的电气规范，很多标准都是参考 NEC 编订的。如 UL 和 OSHA 中与电气相关的内容多参考 NEC 制定。

（3）ASTM（American Society for Testing and Materials，美国材料与试验协会）成立于 1898 年，标准制定一直采用自愿达成一致意见的制度。标准制度由技术委员会负责，由标准工作组起草。经过技术分委员会和技术委员会投票表决，在采纳大多数会员共同意见后，并由大多数会员投票赞成，标准才获批准，作为正式标准出版。

（4）CSA（Canadian Standards Association，加拿大标准协会）成立于 1919 年，是加拿大首家专为制定工业标准的非营利性机构。在北美市场上销售的电子、电器等产品都需要取得安全方面的认证。目前 CSA 是加拿大最大的安全认证机构，也是世界上最著名的安全认证机构之一。它能对机械、建材、电器、电脑设备、办公设备、环保、医疗防火安全、运动及娱乐等方面的所有类型的产品提供安全认证。CSA 在广州、上海设有实验室，从事本地认证服务，帮助本地制造商把产品更好地打入北美市场。

（5）ETL 是指 ETL 测试实验室公司（ETL Testing Laboratories Inc）。ETL 的列名产品是由有司法权主管机关（Authorities Having Jurisdiction）承认的，可认为"已批准"。在美国大多数地区，电气产品的批准是强制的。任何电气、机械或机电产品只要带有 ETL 标志就表明此产品已经达到经普遍认可的美国及加拿大产品安全标准的最低要求，是已经过测试符合相关的产品安全标准；而且也代表着生产工

厂同意接受严格的定期检查，以保证产品品质的一致性，可以销往美国和加拿大两国市场。ETL 也要求其生产场地已经过检验，并且申请人同意此后对其工厂进行定期的跟踪检验，以确保产品始终符合此要求。

（6）NEMA（National Electrical Manufactures Association）是由美国的主要电气制造厂商组成的协会，主要由发电、输电、配电和电力应用的各种设备和装置的制造商组成。标准制定的目的是消除电气产品制造商和用户之间的误解，并且规定这些产品应用的安全性。NEMA 标准指电气行业的制造标准，主要根据电气制造行业通用的标准汇编而成。

(7) NFPA［National Fire Protection Association，美国消防协会（又译国家防火委员会）］成立于 1896 年，旨在促进防火科学的发展、改进消防技术、组织情报交流、建立防护设备、减少由于火灾造成的生命财产的损失。NFPA 是一个国际性的技术与教育组织。

(8) NESC（National Electrical Safety Code，美国国家电气安全法规）是美国在 1913 年由美国国家标准局（National Bureau of Standards）推出的关于电气安全的相应规范，每隔几年修订一版。NESC 的内容主要涉及中高压供配电系统的相关规范，主要对变电站、电力公司等的安全运行提出要求。

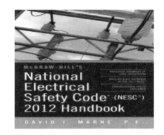

（9）IEEE（Institute of Electrical and Electronics Engineers，美国电气电子工程师协会）作为国际上对电子或电气工程领域最大的一个研究性质的协会，每年会发布很多研究性论文，ANSI 将其中某些论文作为建议推广或者强制性的规范。

（10）OSHA（Occupational Safety and Health Administration，美国职业安全和健康机构）是负责工作安全监督的政府机构。OSHA 制定的几项规定对电气职业安全都具有影响力。其中文件编号为 1910 - R 篇、S 篇和 1926 - K 篇、V 篇为电气篇，包括发电、输电、变电、配电各领域内作业的要求，比如线路、设备的安装敷设、电气人员的安全防护、电力系统设计安全标准、安全工作规程、维护要求以及特殊设备的安全要求等一系列内容。

(11) UL（Underwriter Laboratories Incorporated，保险商试验所）是美国最有权威的，也是世界上从事安全试验和鉴定的较大的民间机构。它是一个独立的、营利的、为公共安全做试验的专业机构。它采用科学的测试方法来研究确定各种材料、装置、产品、设备、建筑等对生命、财产有无危害和危害的程度；确定、编写、发行相应的标准和有助于减少及防止造成生命财产受到损失的资料，同时开展实情调研

业务。UL 认证在美国属于非强制性认证，主要是产品安全性能方面的检测和认证，其认证范围不包含产品的 EMC（电磁兼容）特性。总之，它主要从事产品的安全认证和经营安全证明业务，其最终目的是为市场得到具有相当安全水准的商品，为人身健康和财产安全得到保证作出贡献。就产品安全认证作为消除国际贸易技术壁垒的有效手段而言，UL 为促进国际贸易的发展也发挥着积极的作用。

以上标准及规范中与电气设计联系密切的大致有 NEC、NESC、IEEE、NEMA 等四大标准。

NEC 规范作为美国国内最有影响力的电气规范，主要以工业级民用电气设备与设备的安全装置规则为主，主要涉及中低压部分。NEC 是一个电气安装标准信息的建议性文件，但美国和许多国家的职能公证机构都直接采用它，并将它作为强制性的法律规定。为了补充 NEC 在某些方面的不足，后来衍生出多个文件，其中有两个比较值得注意的文件是提供电气工作安全标准建议的 NFPA 70E 文件和提供电气设备安全维修建议的 NFPA 70B 文件。NEC 文件中主要包括常用工业与民用电气设备的安装、维护、施工的规范，特殊场合使用的电气设备的安装、维护、施工的规范，电缆电线敷设的规范等。

NESC 是由 IEEE 拟定的，经过美国国家标准局认证后作为 ANSI 推广应用，并作为美国对电气安全的规范，主要内容包括电气设备的接地系统、变电站及电气设备安全运行及维护的规则、架空线路及电线电缆的安全规则、地下电线电缆的安全规则、与电气设备和线路安全运行相关的规则等与电气安全相关的内容。对于从事变电站电气设计的工程师而言，此规范是一部很重要、很实用的规范。

IEEE 虽然是研究性学会，但是其很多研究性的论文已作为 ANSI 或者行业里同行的标准推广。附表 A.1 为 IEEE 电气部分常见规范摘录。

附表 A.1　　　　　　　　　IEEE 电气部分常见规范摘录

| 序号 | 规　范 | 简　介 |
|---|---|---|
| 1 | IEEE 519—2004 | 电力系统谐波控制的方法和要求 |
| 2 | IEEE Std C37.1—2007 | SCADA 和自动化系统标准 |
| 3 | IEEE 80 | 交流变电站接地安全标准 |
| 4 | ANSI/IEEE C37.20.1 | 封闭式低压电力断路器 |
| 5 | IEEE C57.12.00—2006 | 液体浸没配电和调节变压器标准通用要求 |
| 6 | ANSI/IEEE C37.20.2 | 金属铠装和箱式开关柜 |

NEMA 虽然是电气设备制造行业的标准，但其很多文件已经通过了 ANSI 的认证。附表 A.2 为 NEMA 部分常用的标准，其中很多标准已变为 ANSI。

附表 A.2　　　　　　　　　NEMA 部分常用标准

| 序号 | 规　范 | 简　介 |
|---|---|---|
| 1 | NEMA TP1—2002 | 配电变压器能量测定指南 |
| 2 | NEMA TR1—1993（R2000） | 变压器、稳压器和电抗器 |
| 3 | ANSI C37.51—2003 | 美国全国金属封闭开关设备的低压电源电路断路器开关设备组件的一致性试验程序标准 |
| 4 | ANSI C37.54—2002 | 美国国家标准交流高压断路器作为可拆卸元件在金属封闭开关柜一致性试验程序标准 |
| 5 | ANSI C37.55—2002 | 美国开关柜中压金属覆层组件一致性试验规程 |

# 附录 B

## 中美建筑电气专业词汇对照表

| 英 文 | 中 文 |
|---|---|
| hot leg 或 hot wire | 火线回路 |
| neutral wire | 中性线 |
| ground wire | 接地线 |
| neutral/grounding leg | 中性线回路 |
| hot bus | 火线母线排 |
| neutral/groundin bus | 中性线母线排 |
| main service panel | 室内总配电箱 |
| subpanel | 子配电箱 |
| cable | 电缆 |
| SE cable | SE 电缆 |
| meter base | 室外电表基座 |
| mast head | 防水弯头 |
| buried service | 地埋敷设 |
| accessory | 附件、辅助物 |
| adapter（adaptor） | 接头 |
| alarm | 报警器 |
| alarm buzzer | 报警蜂鸣器 |

续表

| 英 文 | 中 文 |
|---|---|
| alarm facilities | 报警设备 |
| alternating current motor（a. c. motor） | 交流电动机 |
| alternator | 交流发电机 |
| aluminium sheathed cable | 铝包电缆 |
| arc lamp，arc light | 弧光灯 |
| asynchronous generator | 异步发电机 |
| asynchronous motor | 异步电动机 |
| autotransformer | 自耦变压器 |
| ballast | 镇流器 |
| battery | 电池 |
| bolt | 螺栓、螺钉、插销 |
| bracket | 托架、支架 |
| aerial service | 架空敷设 |
| breaker | 断路器 |
| main breaker | 主断路器 |
| pole | 断路器的极 |
| double – pole breaker | 双极断路器 |
| feeders | 馈线 |
| branch | 分支回路、分回路 |
| lights | 照明 |
| electric stove | 电炉灶 |
| electric water heater | 电热水器 |
| heat pump outside unit | 室外热泵单元 |
| load | 用电设备端 |
| 120 – Volt load | 120V 用电设备 |
| concealed piping | 暗管 |
| concealed wiring | 暗线 |
| concealed works | 隐蔽工程 |
| condenser | 电容器 |
| conduit | 管路、导线管 |
| conduit wiring | 管内穿线 |

续表

| 英　文 | 中　文 |
|---|---|
| connection box | 接线盒 |
| contactor | 接触器 |
| control cable | 控制电缆 |
| control station | 控制站、操作柱 |
| cord – pull switch | 拉线开关 |
| coupling box | 接线箱 |
| current regulator | 整流器 |
| cutout | 断路器 |
| cut – out device | 安全开关 |
| daylight lamp | 日光灯 |
| bracket light | 壁灯 |
| bulb、light bulb、electric bulb | 灯泡 |
| bus | 母线 |
| bus duct | 母线槽 |
| bus duct、bus way、bulbar channel | 母线管道 |
| bulbar | 母线 |
| bulbar connection | 母线连接 |
| cabinet、panel | 盘/柜 |
| cable clamp | 电缆夹、线夹 |
| cable duct、cable conduit | 电缆管道 |
| cable hanger | 电缆吊架 |
| cable laying | 电缆敷设 |
| cable rack | 电缆架 |
| cable shaft | 电缆竖井 |
| cable subway | 电缆隧道 |
| cable suspender | 电缆吊架 |
| cable tray and ladder | 电缆桥架 |
| cable tray cover | 电缆桥架盖板 |
| cable trench | 电缆沟 |
| cable tunnel | 电缆隧道 |
| calling device | 呼叫装置 |

续表

| 英　文 | 中　文 |
| --- | --- |
| capacitor | 电容器 |
| ceiling lamp | 顶灯 |
| ceiling light | 顶灯 |
| DCPS（direct current power supply） | 直流盘 |
| diesel generator | 柴油发电机 |
| direct current motor（d. c. motor） | 直流电动机 |
| discharger | 放电器 |
| disconnecting switch | 隔离开关 |
| distribution board | 配电板、配电盘 |
| distribution transformer | 配电变压器 |
| distribution transformer | 配电变压站、变电站 |
| double – pole double – throw switch | 双极双投开关 |
| double – throw disconnecting switch | 双投隔离开关 |
| double – throw switch | 双投开关 |
| drop light | 吊灯 |
| dry – type transformer | 干式变压器 |
| duplex receptacle outlet | 双孔插座出线口 |
| dust – proof lamps | 防尘灯具 |
| dynamo | 发电机、直流发电机 |
| earth bar | 接地极 |
| earth link | 接地连接件 |
| electric meter | 电表、电能表 |
| electrical engineer | 电气工程师 |
| electrical supply equipment | 供电设备 |
| electrician | 电工 |
| electrostatic grounding | 防静电接地 |
| emergency generator | 应急发电机 |
| ceiling – mounted lamp | 吸顶灯 |
| chain – pull switch | 拉线开关 |
| change – over switch | 转换开关 |
| circuit breaker | 断路器 |

| 英　　文 | 中　　文 |
|---|---|
| cistern | 蓄电池 |
| combined switch | 组合开关 |
| concealed installation | 暗装 |
| concealed light | 暗灯、格栅灯、镶嵌灯 |
| concealed pipe | 暗管 |
| fan | 风机 |
| feeder cable | 馈电电缆、动力电缆 |
| feeder cubic | 馈电柜 |
| fire alarm | 火警警报 |
| flameproof luminaire | 防爆灯 |
| flexible tube | 挠性管 |
| floodlight | 泛光灯、聚光灯照 |
| floodlighting | 泛光照明 |
| floor lamp | 落地灯 |
| fluorescent lamp | 荧光灯（日光灯） |
| fluorescent luminaire | 荧光灯灯具 |
| frequency changer | 变频器 |
| frequency converter | 变频器 |
| fuse | 熔丝 |
| fusible cutout | 熔断器 |
| emergency lighting | 紧急照明、事故照明 |
| emergency – exit lighting | 紧急出口照明 |
| exit light | 安全出口灯 |
| exit light outlet | 安全出口灯出线口 |
| explosion – proof lamp | 防爆灯 |
| exposed pipe | 明管 |
| exposed wiring | 明线、明线布线 |
| factory illumination | 工厂照明 |
| factory lighting | 工厂照明 |
| incandescent lighting | 白炽灯照明 |
| inspection pit | 检查井 |

续表

| 英　文 | 中　文 |
| --- | --- |
| insulating sleeve | 绝缘套管 |
| insulator | 绝缘子 |
| inverter（converter） | 逆变器、换向器、变流 |
| isolating switch | 隔离开关 |
| junction box | 分线盒、接线盒 |
| kilowatt – hour meter | 电表、电能表 |
| knife switch | 闸刀开关 |
| knob insulator | 鼓形绝缘子 |
| knob switch | 旋钮开关 |
| lamp | 灯具 |
| lamp base | 灯座 |
| lamp cover | 灯罩 |
| general illumination、general lighting、generating set、generating | 一般照明 |
| generator unit | 发电机组 |
| generator | 发电机 |
| gland | 填料压盖、压盖 |
| ground bus、earth bus | 接地母线 |
| ground fault、earth fault | 接地故障 |
| ground protection installation ground wire、earth wire、earth lead | 接地保护装置、接地线 |
| ground work、earth work | 接地工程 |
| grounded system | 接地系统 |
| grounding wire（earth wire） | 接地线 |
| hand switch | 手动开关 |
| hanger | 吊架、钩子 |
| heater | 加热器 |
| high pressure mercury lamp | 高压水银灯 |
| high pressure mercury vapor lamp | 高压水银灯 |
| high pressure sodium lamp | 高压钠灯 |
| high pressure sodium vapor lamp、high – tension cable | 高压钠灯、高压电缆 |
| high – tension switch | 高压开关 |
| high – voltage cable | 高压电缆 |

| 英 文 | 中 文 |
|---|---|
| high – voltage distribution | 高压配电盘、高压柜 |
| incandescent lamp | 白炽灯 |
| incandescent lamp base | 白炽灯灯座 |
| oil cooled transformer | 油冷变压器 |
| open wire | 明线 |
| lamp holder、lamp socket | 灯座 |
| lampshade | 灯罩 |
| leakage current | 泄漏电流 |
| leakage of electricity | 漏电 |
| lighting distribution box | 照明配电箱 |
| lighting fixture | 灯具 |
| lighting panel lighting pole、lighting post | 照明配电盘、灯杆 |
| lighting system | 照明系统 |
| lightning arrester | 避雷器 |
| lightning grounding | 防雷接地 |
| lightning protection system | 避雷系统 |
| lightning protector | 避雷器 |
| lightning rod | 避雷针 |
| local illumination | 局部照明 |
| local lighting | 局部照明 |
| magnet starter | 磁力启动器 |
| mains transformer annual switch | 电源变压器手动开关 |
| MCC | 电机控制中心 |
| moisture – proof socket | 防潮灯座 |
| motor | 电机 |
| navigation light | 导航灯 |
| nut | 螺母、螺旋套 |
| relay cabinet | 继电器柜 |
| remote control unit | 远控单元 |
| open wiring | 明线布线 |
| overcurrent protection | 过电流保护 |

续表

| 英　文 | 中　文 |
|---|---|
| overcurrent protective device | 过电流保护装置 |
| overcurrent relay | 过电流继电器 |
| overhead cable | 架空电缆 |
| overhead conductor | 架空导线 |
| overhead power line | 架空电力线路 |
| overload circuit breaker | 过载断路器 |
| overload protection | 过载保护 |
| over travel limit switch | 行程开关 |
| overvoltage protection | 过电压保护 |
| pair | 一对、一双 |
| patch board | 接线板 |
| pendent lamp | 吊灯 |
| photocell control unit | 光电控制灯 |
| pin insulator | 针形绝缘子 |
| plug | 插销 |
| porcelain insulator | 瓷绝缘子 |
| post | 标杆、接线柱、柱 |
| power cable | 电力电缆 |
| power factor compensation | 功率因数补偿 |
| power supply system | 供电系统 |
| power supply unit | 供电机组 |
| power transformer | 电力变压器、电源变压器 |
| press button | 按钮 |
| primary circuit | 一次回路 |
| reserve cable | 备用电缆 |
| reserve power supply、reserve power source | 备用电源 |
| reserved generator | 备用发电机 |
| reserved set | 备用机组 |
| reservoir | 蓄电池 |
| rigid hot galvanized conduit | 热浸锌管 |
| road lamp、roadway light | 路灯 |

| 英　文 | 中　文 |
| --- | --- |
| rotary switch | 旋转开关 |
| safety device | 保险装置 |
| safety installation | 保险装置 |
| safety switch | 安全开关 |
| screened cable | 屏蔽电缆 |
| screw | 螺丝、螺钉、螺纹 |
| searchlight | 探照灯 |
| secondary circuit | 二次回路 |
| security alarm system | 安全报警系统 |
| self - cooled transformer | 自冷式变压器 |
| sheath | 护套 |
| shielded cable | 屏蔽电缆 |
| sign illumination system | 标志照明系统 |
| signal apparatus | 信号装置 |
| signal central station | 信号中央控制室 |
| signal indicator | 信号指示器 |
| signal installation | 信号装置 |
| single receptacle outlet | 单孔插座出线口 |
| single - phase motor | 单相电动机 |
| primary loop | 一次回路 |
| protecting equipment | 保护装置 |
| protective gear | 保护装置 |
| public lighting pull switch | 公共照明拉线开关 |
| push button | 按钮、按钮开关 |
| push button control | 按钮控制 |
| push button switch | 按钮开关 |
| PVC coated conduits | PVC 管 |
| four core cable | 四芯电缆 |
| quadruple receptacle outlet | 四孔插座出线口 |
| receptacle | 插座（电源插座） |
| recessed fixture | 凹入式顶灯、吸顶灯 |

| 英　文 | 中　文 |
| --- | --- |
| rectifier | 整流器 |
| rectifier unit | 整流装置 |
| rectifying device | 整流装置 |
| reducer | 大小头、减径管、异径管 |
| reflect lamp relay | 反光灯继电器 |
| street lamp stand | 路灯杆 |
| street lighting | 街道照明 |
| street lighting street lighting column | 街道照明路灯杆 |
| substation | 变电站 |
| support | 支点、支架、支座 |
| surface wiring switch | 明装翘板开关 |
| surface – mounted luminaire | 明装照明设备 |
| switch | 开关 |
| single – phase system | 单相系统 |
| single – pole switch | 单极开关 |
| single – throw switch | 单投开关 |
| socket outlet spare battery | 插座备用电池 |
| spare cable | 备用电缆 |
| spare electric source | 备用电源 |
| spotlight | 聚光灯 |
| spring ring | 弹簧垫 |
| squirrel – cage motor | 鼠笼式电动机 |
| standard lamp | 落地灯 |
| stand – by battery | 备用电池 |
| stand – by generator | 备用发电机 |
| standby lighting | 备用照明 |
| standby – unit | 备用机组 |
| steel – cored aluminium wire | 钢芯铝线 |
| steel – cored copper wire | 钢芯铜线 |
| step – down transformer street lamp | 降压变压器路灯 |
| transformer capacity | 变压器容量 |

| 英　文 | 中　文 |
| --- | --- |
| transformer room | 变压器室 |
| transformer stationtriad | 变电站（三个一组） |
| triple – pole switch | 三极开关 |
| trough、cable trough | 电缆槽 |
| trucking | 汇线槽 |
| two – way switch | 双向开关 |
| underground laying | 地下敷设 |
| switch board switch board panel | 配电盘、开关板、开关配电盘 |
| switch cabinet | 开关柜 |
| switchgear | 开关设备 |
| synchronous motor | 同步电动机 |
| tachometer | 转速计 |
| terminal | 端子 |
| terminal assembly | 接线板 |
| terminal board | 端子板 |
| terminal box | 端子箱 |
| terminal equipment | 终端设备 |
| terminal stopping device | 行程开关 |
| terminal strip | 端子板 |
| termination | 终端 |
| thin – wall steel tube | 薄壁钢管 |
| three – phase switch | 三相开关 |
| three – pin plug、three – point plug | 三脚插头 |
| three – pole switch | 三极开关 |
| time – delay switch | 延时开关 |
| transformer | 变压器 |
| unit switches（uninterruptable power supply） | 组合开关不间断电源 |
| vacuum circuit breaker | 真空断路器 |
| variable speed driver | 变速驱动器 |
| voltmeter | 电压表 |
| wall lamp | 壁灯 |

续表

| 英 文 | 中 文 |
|---|---|
| wall mounted lighting | 壁灯 |
| wall sleeve | 穿墙套管 |
| warner | 报警器 |
| warning lights | 警告灯 |
| washer | 垫圈 |
| waterproof fitting | 防水灯具 |
| waterproof socket | 防水插座 |
| watt – hour meter | 电表、电能表 |
| weatherproof switch | 防雨开关 |
| wire | 电线 |
| wire pole | 电线杆 |
| wiring | 布线 |
| wiring board | 接线板 |
| wiring box | 接线盒 |
| wiring conduit | 布线管道、穿线管 |

# 参考文献

[ 1 ]　张绍刚．中国、美国和日本照明节能标准的比较与分析［J］．北京：智能建筑电气技术，2010，8（4）：1-5.

[ 2 ]　GB 50034—2004　建筑照明设计标准［S］．北京：中国建筑工业出版社，2004.

[ 3 ]　曾元超．美国电气安全法规的探讨与省思［J］．台电月刊，2008，7（546）：22-28.

[ 4 ]　GB/T 50786—2012　建筑电气制图标准［S］．北京：中国计划出版社，2012.

[ 5 ]　GB 50052—2009　供配电系统设计规范［S］．北京：中国计划出版社，2009.

[ 6 ]　中国航空工业规划设计研究院．JGJ 16—2008工业与民用配电设计手册［M］．北京：中国电力出版社，2005.

[ 7 ]　International Energy Agency（IEA）．Light is Lost［J］．IEA Pubilcation，2006：360.

[ 8 ]　ASHRAE. ANSI/ASHRAE 90.1—2007. Energy Standard for Buildings Except Low - rise Residential Buildings［S］. Atlanta：American Society of Heating，Refrigerating and Air Conditioning Engineers Incorporated，2007.

[ 9 ]　Mils E. Why We are Here：The 320 - billion Global Linghting Energy Bill［J］. Right Light，2002（5）：369—385.

[10]　埃真别格尤比．莫斯科照明日［J］．照明技术，2009（3）：74.

[11]　井上隆，吉泽望．为实现京都议定书照明领域的实施手法［J］．照明学会志，2009，93（86）：497.

[12]　捷特利埃，哈洛宁勒．节能照明的经济问题［J］．照明技术，2009（5）：58.

[13]　ASHRAE. ANSIY32.9—1972. American National Standard Graphic Symbols for Electrical Wiring and Layout Diagrams Used in Architecture and Building Construction［S］. New York：American Society of Mechanical Engineers，Institute of Electrical and Electronics Engineers，1972.

[14] 任长宁，谢炜．美国电气火灾防控经验之借鉴［J］．消防科学与技术，2012，12 (12)：1345－1348.

[15] U. S. Fire Administrationl. America Burning，the Report of the National Commission on Fire Prevention and Control［R］．1973.

[16] U. S. Fire Administrationl. America Burning revisited［R］．1987.

[17] National Fire Protection Association Fire Analysis and Research Division，Trends and parterns of U. S. Fire Losses in 2010［R］．2011.

[18] NFPA 70®. National Electrical Code［S］. National Fire Protection Association. 2011.

[19] David A Dini. Residemial Eletrcal System Aging Research Project Technical Report［R］．2008.

[20] John R Hall. Home Electrical Fire［R］．2009.

[21] John R Hall. Home Electrical Fire［R］．2010.

[22] Timothy Arendt. Fire Safety Options in Design and Code Practices to Minimize Fire Problems to Aged Electrical Wiring Systems［R］．2006.

[23] National Fire Protection Association. Electrical Inspection Code for Existing Dwelling［R］．2000.

[24] The Fire Protection Research Foundation. A White Paper Report for the Fire Protection Research Foundation "Next 25years Conference"［R］．2008.

[25] 王素军．结合英美标准探讨应急照明设计［J］．建筑电气，2008，12 (12)：41－43.

[26] GB 16895.5—2000 (idt IEC 60364－5－52：1993) 建筑物电气装置 第 5 部分：电气装备的选择和安装 第 52 章：布线系统［S］．北京：中国标准出版社，2000.

[27] GB/T 16895.15—2002 (idt IEC 60364－5－523：1999) 建筑物电气装置 第 5 部分：电气设备的选择和安装 第 523 节：布线系统载流量［S］．北京：中国标准出版社，2002.

[28] Rex Cauldwell. Wiring a house［M］．Newtown，Connecticut：The Taunton Press，2007.

[29] ASHRAE. ANSI/ASHRAE/IES Standard 90.1—2016. Energy Standard for Buildings Except Low－rise Residential Buildings［S］. American Society of Heating，Refrigerating and Air Conditioning Engineers Incorporated，2016.

[30] ASHRAE. ANSI C84.1—2006. American National Standard for Electric Power Systems and Equipment Voltage Ratings (60 Hertz)［S］. National Electrical Manufacturers Association，American National Standards Institute Incorporated，2006.